普通高等教育"十二五"系列教材

结 构 力 学

黄孟生 编 著
张延庆 主 审

中国电力出版社
CHINA ELECTRIC POWER PRESS

内 容 提 要

本书为普通高等教育"十二五"系列教材，是根据教育部力学基本要求而编写的。为了使学生在有限的时间内掌握结构力学的基本概念、基本理论和基本方法，全书在内容编排上由浅入深、循序渐进，突出重点和难点，对理论知识的叙述精炼、严密。

本书共 7 章，主要内容包括概述，几何组成分析，静定结构的内力分析，静定结构的位移计算，力法，位移法和力矩分配法及影响线。

本书可作为给排水工程、交通工程、环境工程、工程管理等专业教材，也可作为对结构力学深度和难度要求不高，但对结构力学的基础知识需要有一定了解的专业的教材，还可作为电大、函授或成人教育和自学考试人员的教材和参考书。

图书在版编目（CIP）数据

结构力学 / 黄孟生编著. —北京：中国电力出版社，2012.7
（2024.8 重印）
普通高等教育"十二五"规划教材
ISBN 978-7-5123-2972-0

Ⅰ. ①结… Ⅱ. ①黄… Ⅲ. ①结构力学－高等学校－教材 Ⅳ. ①O342

中国版本图书馆 CIP 数据核字（2012）第 079607 号

中国电力出版社出版、发行
（北京市东城区北京站西街 19 号 100005 http://www.cepp.sgcc.com.cn）
北京锦鸿盛世印刷科技有限公司印刷
各地新华书店经售

*

2012 年 7 月第一版   2024 年 8 月北京第八次印刷
787 毫米×1092 毫米 16 开本 8.5 印张 199 千字
定价 **25.00** 元

前　言

　　本书为普通高等教育"十二五"系列教材，是为普通高等院校理工科各专业中少学时结构力学课程而编写的。本书可作为给排水工程、交通工程、环境工程，工程管理等专业教材，也可作为对结构力学深度和难度要求不高，但对结构力学的基础知识需要有一定了解的专业的教材，同时也可作为电大、函授或成人教育和自学考试人员的教材和参考书。

　　本书的内容是根据高等院校结构力学基本要求而定的。在编写过程中，所选取的内容是结构力学中最基本的计算原理和计算方法。这些内容是解决一般常用结构的静力计算问题所必需的，也是进一步学习和掌握其他现代结构分析方法的基础。本书难易程度适当，并且具有丰富的实例。全书在内容编排上注意由浅入深、循序渐进，突出重点和难点，注意理论知识叙述精炼、严密。

　　本书共7章，主要内容包括概述，几何组成分析，静定结构的内力分析，静定结构的位移计算，力法，位移法和力矩分配法及影响线。

　　为培养学生分析问题和解决问题的能力，便于自学，书中每章末给出了一定数量的思考题和习题，并给出了部分习题的答案。

　　在本书的编写过程中，文天学院力学教研室部分老师提出了许多有益的意见和建议，北京工业大学张延庆教授审阅了全书，提出了许多宝贵意见，在此一并向他们表示感谢！

　　限于编者水平，本书难免有不妥与疏漏之处，敬请广大师生和读者批评指正。

编　者

2012 年 3 月

主 要 符 号 表

A	面积	S	转动刚度
a，b	间距，长度	t	温度改变
C	力矩传递系数	u	水平位移
c	广义支座位移	V_ε	应变能
d	直径，距离	v_ε	竖向位移
E	弹性模量	W	外力功
F	力	X	广义未知力
F_H	水平推力	x	坐标
F_N	轴力	y	坐标
F_S	剪力	Z	影响量
f	拱高，矢高	z	广义未知位移
G	切变模量	θ	截面转角
I	惯性矩	φ	转角，角位移
i	杆件线性刚度	α	角度，线膨胀系数
k	约束反力系数	γ	切应变
l	间距，跨度	Δ	广义位移
M	弯矩，力偶矩	δ	广义位移，位移系数
q	均布荷载集度	ε	线应变
R	半径	λ	切应力不均匀分布修正系数
r	半径，广义反力	μ	分配系数
		ρ	曲率半径

目　　录

第1章 概　　述

第1节　结构力学的研究对象

工程建筑物，例如房屋、桥梁、码头、水闸、水坝等，在使用过程中都要承受各种荷载（如自重、风压力、水压力、货物自重）的作用。建筑物中承受荷载而起骨架作用的部分称为结构。一根梁、一根柱等单个构件是最简单的结构。一般的结构都是由许多构件通过各种方式互相连接在一起组成一个整体。图 1-1 所示厂房结构就是由屋架、柱子、吊车梁及基础等组成的空间体系。

图 1-1　厂房结构

结构按其构件的几何形态可分为以下三类：

（1）杆件结构　此类结构由杆件组成。其杆件的几何特征是横截面尺寸要比长度小得多。

（2）板壳结构　此类结构由厚度远小于其长度和宽度的板或壳组成，所以也称薄壁结构，例如楼板、薄拱坝等。

（3）实体结构　此类结构在三个方向的尺寸大致为同一数量级，例如挡土墙、水坝等。

杆件结构可分为平面结构和空间结构。在平面结构中，各杆的轴线和荷载的作用面在同一平面内，否则便是空间结构。严格来说，实际的结构都是空间结构，在计算时，常可根据其实际受力情况的特点，将它分解为若干平面结构进行分析，以便使计算简化，但并非所有的情况都能这样处理，有些结构必须作为空间结构来研究。结构力学的研究对象是杆件结构，本书仅限于研究平面杆件结构。

杆件结构力学的任务是研究杆件结构的组成规律和合理形式，以及结构在荷载等外因作用下的强度、刚度和稳定性的计算原理和计算方法。研究组成规律的目的在于保证结构各部分不致发生相对运动，使其能承受荷载并维持平衡；进行强度、刚度和稳定性计算的目的在于保证结构的安全并使之符合经济的要求。

在这里，结构力学与材料力学的区别在于，后者主要研究对象是材料的强度和单根杆件的强度、刚度和稳定性计算，而结构力学的研究对象是由杆件所组成的体系。根据专业对本课程的教学要求，本书对结构稳定性问题不作讨论。

本书主要介绍结构力学中最基本的计算原理和计算方法。这些内容是解决一般常用结构的静力计算问题所必需的，也是进一步学习和掌握其他现代结构分析方法的基础。

第2节 结构的计算简图

实际结构很复杂，完全按照结构的原始情况进行力学分析是不可能的且不必要的。对实际结构进行力学分析之前，必须加以简化，分清结构受力、变形的主次，抓住主要矛盾，忽略一些次要因素，用一个简化了的理想模型来代替实际结构。这种在结构计算中用来代替实际结构，并能反映结构主要受力和变形的理想模型，称为结构的计算简图。

确定结构的计算简图时，通常包括杆件的简化、支座的简化和结点的简化等方面的内容。

一、杆件的简化

根据杆件受力后的变形特点，各种杆件在计算简图中均用其轴线来代替。等截面直杆的轴线为一直线，曲杆的轴线为一曲线，变截面杆件也都近似地以直线或曲线来代替。

二、支座的简化和分类

将结构与基础或其他支撑物联系起来的装置称为支座。其作用是将结构的位置固定，并将结构所承受的荷载传给支撑物或基础。在平面结构中支座的实际构造形式很多，但从其对结构的约束作用来看，常用的计算简图可分为四类。

1. 活动铰支座或辊轴支座

这种支座的构造简图如图 1-2（a）所示，假设支承面是光滑的，辊轴支座只能阻止结构与支座连接处垂直于支承平面方向的移动，不能阻止结构沿支承面的移动和绕销钉轴线的转动。因此，辊轴支座的约束力通过销钉中心，垂直于支承面。图 1-2（b）～（e）所示均为辊轴支座的常用简图，图中的 F_A 表示反力。

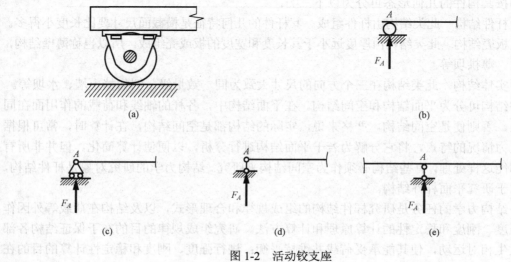

图 1-2   活动铰支座

2. 固定铰支座

如将结构用一光滑销钉与固定支座或其他固定物体相连，这种约束称为固定铰支座，简称铰支座，如图 1-3（a）所示，并用图 1-3（c）～（e）表示铰支座简图。

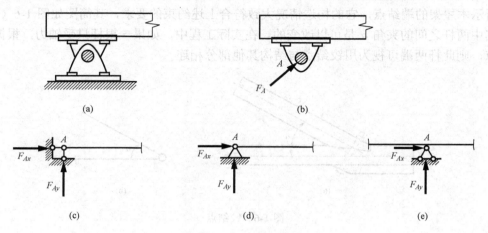

图 1-3 固定铰支座

在铰支座约束中，销钉不能阻止结构绕销钉的转动，只能阻止结构在垂直于销钉轴线平面内的移动。假设销钉是光滑的，故约束力必通过接触点 A 并通过销钉中心，如图 1-3（b）中的 F_A 所示。由于接触点 A 不能预先确定，所以 F_A 的方向实际是未知的。可见，铰支座的约束力在垂直于销钉轴线的平面内通过销钉中心，方向不定。通常将约束力分解为两个互相垂直的力 F_{Ax} 和 F_{Ay}。

3. 固定支座

将构件一端牢固地插入基础或固定在其他静止的物体上，图 1-4（a）所示为固定支座，也称作固定端。固定支座能阻止任何方向的移动和绕任一轴的转动，其约束力必为一个方向未定的力和一个方向未定的力偶。固定支座的简化表示和约束力表示如图 1-4（b）、（c）所示。

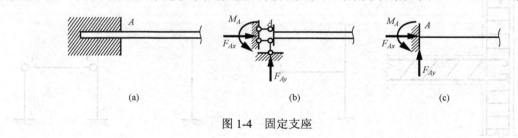

图 1-4 固定支座

4. 定向支座

定向支座的简化表示如图 1-5 所示，这种支座由两根平行的连杆表示，其支座反力为沿连杆方向作用的力 F_{Ax}、F_{Ay} 和一个反力偶 M_A，如图 1-5 所示。

三、结点的简化

在杆件结构中，几根杆件相互连接的

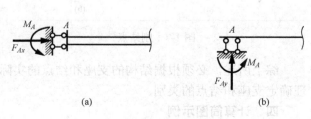

图 1-5 定向支座

部位称为结点。根据结构的受力特点和结点的构造情况，在计算中常将其简化为两种结点。

1. 铰结点

铰结点的特点是它所连接的各杆在结点不能互相分离，但可以绕结点自由转动，如图 1-6 (a) 所示木屋架的端结点，它的构造情况大致符合上述约束的要求，其简图如图 1-6 (b) 所示，其中两杆之间的夹角 α 是可以改变的。在实际工程中，如果一根杆只受轴力，根据其受力特点，则此杆两端可视为用铰结点与结构其他部分相连。

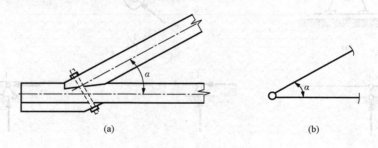

图 1-6　铰结点

2. 刚结点

刚结点的特点是它所连接的各杆在结点处不能相互分离，也不能绕结点作相对转动，变形前后在结点处各杆端切线的夹角保持不变，即各杆端切线转动的角度应相等，如图 1-7 (a) 所示钢筋混凝土结构的某一结点，它的构造是三根杆件之间用钢筋连成整体并用混凝土浇筑在一起，这种结点的变形情况基本符合上述特点，故可视为刚结点，其计算简图如图 1-7 (b) 所示。

有时还会遇到铰结点和刚结点在一起形成的组合结点，如图 1-8 所示，*A*、*B* 为刚结点，*C* 为铰结点，组合结点 *D* 应视为 *BD*、*ED*、*CD* 三杆在此结点相连，其中 *BD* 与 *ED* 两杆为刚性连接，*CD* 杆与其他两杆之间则由铰连接。

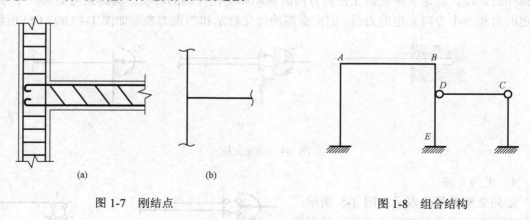

图 1-7　刚结点　　　　　　　　　　图 1-8　组合结构

综上所述，必须根据结构的支座和结点的实际构造情况分析其受力和变形特点，才能合理确定支座和结点的类别。

四、计算简图示例

下面用一个简例说明选取计算简图的方法和原则。图 1-9 (a) 所示为一工业建筑中采用的桁架式吊车梁，横梁 *AB* 和竖杆 *CD* 由钢筋混凝土制成，但 *CD* 杆的截面面积比 *AB* 梁的截面面积小很多，斜杆 *AD*、*BD* 则为 NO.16Mn 钢，吊车梁两端由柱子上的牛腿支承。

　　支座简化：由于吊车梁两端的预埋钢板仅通过较短的焊缝与柱子牛腿上的预埋钢板相连接，这种构造对吊车梁支承端的转动不能起多大的约束作用，又考虑到梁的受力情况和计算简便，所以梁的一端可简化为固定铰支座，而另一端可简化为活动铰支座。

　　结点简化：因 *AB* 是一根整体的钢筋混凝土梁，截面抗弯刚度较大，故在计算简图中可取为连续杆，而竖杆 *CD* 和钢拉杆 *AD*、*BD* 与横梁 *AB* 相比，截面的抗弯刚度小得多，它们主要承受轴力，所以杆 *CD*、*AD*、*BD* 的两端都可以看作是铰结，其中铰 *C* 连在横梁 *AB* 的下方。

　　最后用杆轴线代替各杆件，则得图 1-9（b）所示的计算简图。图中 *A*、*B*、*D* 为铰结点，*C* 为组合结点。这个计算简图保证了主要横梁 *AB* 的受力性能（有弯矩、剪力和轴力）；对其余三杆保留了主要内力为轴力这一特点，而忽略了较小的弯矩和剪力的影响；对于支座，保留了主要的竖向支承作用，忽略了对微弱转动的约束。实践证明，分析时选取这样的计算简图是合理的，它既反映了结构的变形和受力特点，又能使计算简便。

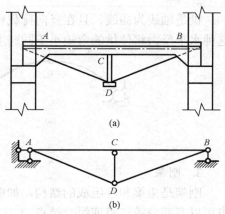

图 1-9　吊车梁及其简图

　　用计算简图代替实际结构进行计算，虽然存在一定的差异，但这是一种科学的抽象方法。在力学计算中，突出结构最本质的属性，忽略一些次要因素，这样就能更深入地了解问题的实质，认识事物的内在规律。恰当选取实际结构的计算简图是一个比较复杂的问题，不仅要掌握选取计算简图的原则，而且还需要较多的实践经验。对一些新型的结构，往往还要通过反复试验和实践才能获得比较合理的计算简图。不过，对于常用的结构，人们已经积累了许多经验，可以直接采用那些实践验证的计算简图。计算简图选定之后，在作结构设计时，还应采取相应地构造措施，尽量使结构实际的内力分布和变形特点与计算简图的情况相符。

　　在实际工作中，根据不同情况，同一结构可以分别采取不同的计算简图。例如在初步设计杆件截面时，常先采用一个比较简单而较粗略的计算简图，而在最后计算时，再采用一个较复杂但较精确的计算简图。较为精确的计算简图，可通过放弃某些简化假定，或者代以较为符合实际情况的设置而获得，但是计算工作要复杂得多，由于在工程设计中广泛采用计算机，所以许多复杂但又较为精确的计算简图已被广泛采用。

第 3 节　杆件结构的分类

　　平面杆件结构是本书的研究对象，根据其组成特征和受力特点，主要有以下几种：

1. 梁

　　梁是一种受弯杆件，如图 1-10 所示。梁可以是单跨的，也可以是多跨的连续梁，可以是静定的，也可以是超静定的。

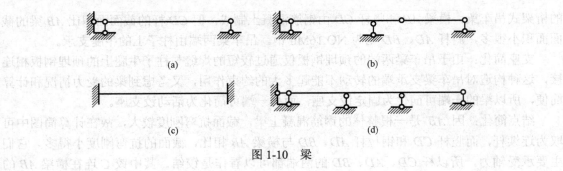

图 1-10　梁

2. 拱

拱是轴线为曲线、且在竖向荷载作用支座会产生水平反力的杆件结构，如图 1-11 所示。这种水平反力将使拱的弯矩小于同跨度、相同荷载和支承条件相同的梁的弯矩。

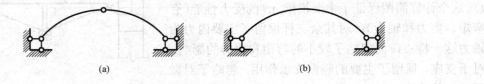

图 1-11　拱

3. 刚架

刚架是由梁和柱组成的结构，如图 1-12 所示，各杆件主要受弯。其结点主要是刚结点，也可以有部分铰结点或组合结点。

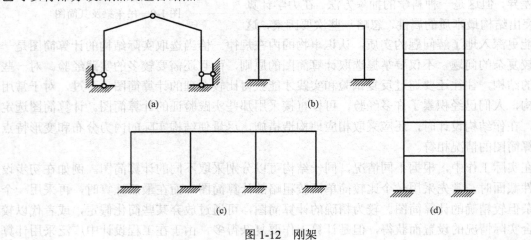

图 1-12　刚架

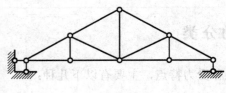

图 1-13　桁架

4. 桁架

桁架是由若干杆件在两端用铰连接而成的结构，如图 1-13 所示。桁架各杆的轴线都是直线，当只受到作用于结点的荷载时，各杆只产生轴力。

5. 组合结构

在组合结构中，有些杆件只受轴力作用，而另一些杆件则同时受弯矩、剪力和轴力作用，如图 1-14 所示。

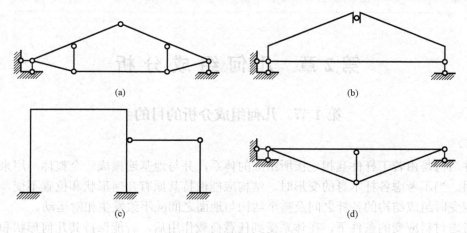

图 1-14 组合结构

第 4 节 荷 载 的 分 类

荷载是作用在结构上的主动力。按荷载作用的范围和分布情况，通常将其简化为分布荷载和集中荷载。分布荷载是指连续分布在结构某一部分上的荷载，它又可以分为均布荷载和非均布荷载。当分布荷载的集度各处相同时称为均布荷载，例如等截面杆件的自重即可以简化为沿杆长作用的均布荷载。当分布荷载的集度各处不相同时称为非均布荷载，例如作用在水坝上游的水压力和作用在挡土墙上的土压力，均可简化为集度按直线变化的非均布荷载。集中荷载是指作用在结构上某一点处的荷载，当实际结构上分布荷载的受载区域尺寸远小于结构的尺寸时，为了计算简便即可将此区域内分布荷载的总和视为作用在区域内某一点上的集中荷载。

作用在结构上的荷载，按其作用时间长短可以分为恒载和活载。恒载是指永久作用在结构上的荷载，如结构的自重、结构上固定设备的重量等。活载是指暂时作用在结构上且位置可以变动的荷载，例如结构上的临时设备、人群和移动吊车的重量，以及风力、雪重等。恒载作用下结构的强度计算可通过内力分析进行，而活载还要涉及影响线和包络图的概念。

根据荷载的作用性质，其又可分为静力荷载和动力荷载。静力荷载是指逐渐增加、不致使结构产生显著冲击或振动，因而可略去惯性力影响的荷载。恒载和大部分活载都可视为静力荷载。动力荷载是指作用在结构上，对结构产生显著冲击或引起其振动的荷载，如动力机械的振动、爆炸冲击、地震等引起的荷载，这类荷载作用下结构将会发生不容忽视的加速度。本书只讨论结构在静力荷载作用下的计算问题。

应该指出，结构除上述荷载外，还可能受到其他外来因素的作用，如温度的改变、支座的移动、材料的收缩等。从广义上来说，这些因素也可以称作荷载。对超静定结构来说，在这些因素影响下，也会使结构产生内力，这种内力有时甚至是很大的。

第2章 几何组成分析

第1节 几何组成分析的目的

杆件结构是由若干杆件互相连接所组成的体系，并与地基连接成一个整体，用来承受荷载的作用。当不考虑各杆本身的变形时，结构应能保持其原有几何形状和位置不变，即不考虑材料应变时组成结构的各杆之间及整个结构与地面之间应不致发生相对运动。

不考虑材料应变的条件下，在体系受到任意荷载作用后，若能保持其几何形状和位置不变者，称为几何不变体系，如图 2-1（a）所示即为这类体系的例子。还有另一类体系，如图 2-1（b）所示，该体系尽管只受到很小的荷载 F 作用，也将引起几何形状的改变，这类体系称为几何可变体系。显然，工程结构不能采用几何可变体系，而只能采用几何不变体系。

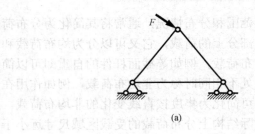
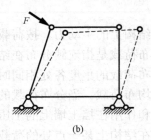

(a)   (b)

图 2-1 平面杆件体系

对体系几何组成的性质和规律进行的分析称为几何组成分析，作这种分析的目的在于判别某一体系是否几何不变，从而决定它能否作为结构。研究几何不变体系的组成规则，以保证所设计的结构能承受荷载而维持平衡，同时也为正确区分静定结构和超静定结构及进行结构内力计算打下必要的基础。

本章只讨论平面体系的几何组成分析。

第2节 体系自由度的概念

一、自由度

体系的自由度是指该体系运动时用来确定其位置所需的独立坐标的数目。在平面内某一动点 A，其位置需由两个独立坐标 x 和 y 来确定，如图 2-2（a）所示。所以在平面内一个点具有两个自由度，即点在平面内可以作两种相互独立的运动方式，通常用平行于坐标轴的水平和竖直两个方向的移动来描述。

对平面体系作几何组成分析时，由于不考虑材料的应变，所以认为各个构件没有变形，因此，可以将构件看作平面一刚体，简称刚片。一个刚片 AB 在平面内运动时，其位置可由它上面任一点 A 的坐标（x, y）和直线 AB 的倾角 φ 来确定，如图 2-2（b）所示。因此一个刚片在平面内的自由度等于 3，即刚片在平面内不但可以自由移动，还可以自由转动。

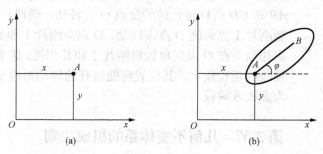

图 2-2　点和刚片的独立坐标

二、约束

对运动起限制作用而减少体系自由度的装置称为约束，能减少一个自由度的装置相当于一个约束。如图 2-3（a）所示，用一根链杆将刚片与基础相连，则刚片将不能沿链杆方向移动，减少了一个自由度，故一根链杆相当于一个约束。如果再加一根链杆，如图 2-3（b）所示，则刚片又减少了一个自由度，此时它只能绕 A 点作转动而丧失了自由移动的可能。这两根链杆实际上是一个铰支座，因此，一个铰支座相当于两个约束，也相当于两根链杆的约束。

用一个铰将两个刚片在 A 点相连，如图 2-3（c）所示，对刚片 I 而言，其位置可由 A 点的坐标 x，y 和 AB 的倾角 φ_1 来确定，因此它仍有 3 个自由度；而刚片 II 因与刚片 I 在 A 点以铰连接，所以刚片 II 只能绕 A 点作相对运动，即刚片 II 只有独立的相对转角 φ_2，故体系的总自由度从 $3 \times 2 = 6$ 变为 4 个，减少了两个，因此，一个单铰（连接两个刚片的铰）相当于两个约束，也相当于两根链杆的约束作用。反之，两根链杆也相当于一个单铰的作用。当两刚片在 A 点刚结起来，那么两刚片变成一个刚片，只有 3 个自由度，故刚性连接相当于 3 个约束。类似地，固定支座也相当于 3 个约束。

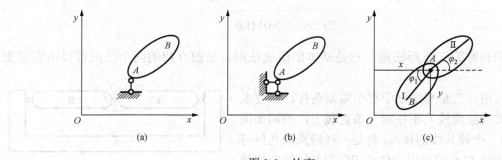

图 2-3　约束

一个平面体系，通常都是由若干根刚片加上某些约束所组成的。加入约束的目的是为了减少体系的自由度。如果在组成体系的各刚片之间恰当地加入足够的约束，就可能使刚片与刚片之间不可能发生相对运动，从而使体系成为几何不变的体系。

三、虚铰（瞬铰）

如图 2-4 所示，若将刚片 I 和刚片 II 用两根不平行的链杆 AB 和 CD 连接，设刚片 I 固定不动，则 A、C 两点将为固定；当刚片 II 运动时，其上 B 点将沿 AB 杆垂直的方向运动，而

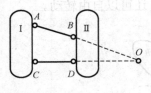

图 2-4　虚铰（瞬铰）

其上 D 点则将沿与 CD 杆垂直的方向运动，故刚片 Ⅱ 运动时将绕 AB 和 CD 两杆延长线的交点 O 而转动。同理，若刚片 Ⅱ 固定不动，则刚片 Ⅰ 也将绕 O 点而转动。O 点为刚片 Ⅰ 和 Ⅱ 的转动瞬心。此状态相当于在 O 点用单铰将刚片 Ⅰ 和 Ⅱ 相连。这个铰的位置在两链杆轴线的延长线上，其位置将随链杆的转动而改变，所以将这种铰称为虚铰或瞬铰。

第3节　几何不变体系的组成法则

为了确定平面体系是否几何不变，须研究几何不变体系的组成规则。下面讨论无多余约束几何不变体系的基本组成规则。

一、三刚片法则

三个刚片用不在同一直线上的三个铰两两相连，则所组成的体系是几何不变的。

如图 2-5（a）所示，刚片 Ⅰ、Ⅱ、Ⅲ 用不在同一直线上 A、B、C 三个铰两两相连，这一情况如同用三条线段 AB、BC、CA 作一三角形。由平面几何知识可知，用三条定长的线段只能作出一个形状和大小都一定的三角形，也就是说，由此得出的三角形是几何不变的。

由于两根链杆作用相当于一个单铰，故可将任一个铰换成由两根链杆所组成的虚铰，得出如图 2-5（b）所示三个虚铰不在同一直线上的体系，这种体系也是几何不变的。

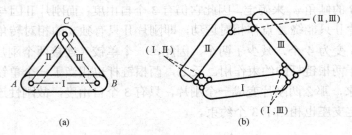

图 2-5　三刚片体系

此法则也称为三角形法则，它是基本的组成法则，后面介绍的两个法则可以由它演变而得。

值得指出，三角形法则中有个限制条件，即要求三个铰（实铰或虚铰）不在同一条直线上，否则如图 2-6 所示的三个铰共线的体系，将是一种特殊的几何可变体系。此时 C 点位于以 AC 和 BC 为半径的公切线上，故在这一瞬间，C 点可沿此公切线作微小的移动。

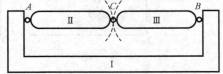

图 2-6　三铰共线体系

不过在发生一微小移动后，三个铰就不再位于一直线上，运动也就不再发生。这种在某一瞬时可以产生微小运动的体系，称为瞬变体系，它是几何可变体系的一种特殊情况。

虽然瞬变体系只是在某一瞬时的相对运动，随后即成为几何不变的，但是进一步分析其受力情况就会发现，即便是在很小的荷载作用下，其内力也会接近无穷大，如图 2-7（a）所示。设外力 F 作用于 C 点，由图 2-7（b）所示脱离体的平衡条件 $\Sigma F_y = 0$ 可得

$$F_N = \frac{F}{2\sin\varphi}$$

因为 φ 为一无穷小量，所以

$$F_N = \lim_{\varphi \to 0} \frac{F}{2\sin\varphi} = \infty$$

可见，杆 AC 和 BC 将产生很大的内力和变形，由此可知，瞬变体系在工程中是决不能采用的。

二、两刚片法则

两个刚片用不全交于一点也不全平行的三根链杆连接，则组成的体系是几何不变的。

如果将图 2-5（a）中的刚片Ⅲ视为一链杆，就化为图 2-8（a）中两刚片一铰一链杆体系，该链杆也为

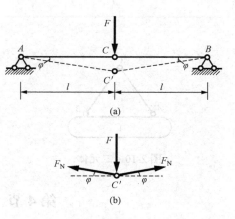

图 2-7　结点受力图

一刚片，且与其他部分仍用原来的两个铰相连，故没有改变原体系各部分的约束情况，所以它也是几何不变体系。进一步，将图 2-8（a）中的铰 A 用两链杆代替变为图 2-8（b）所示两刚片三链杆体系，它也是几何不变体系。但是当三链杆交于一点或相互平行时，如图 2-9 所示，成为瞬变体系。这是因为两刚片可绕 E 点瞬时相对转动 [图 2-9（a）] 或作瞬时相对平行移动 [图 2-9（b）]。

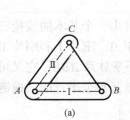
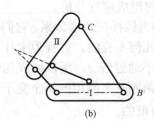
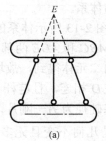
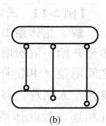

図 2-8　两刚片体系　　　　　　　图 2-9　两刚片瞬变体系

三、二元体法则

一个体系不因增加或减少二元体而改变其原有的几何组成性质。

如果将图 2-5（a）中刚片Ⅱ和刚片Ⅲ都看成链杆，就化为图 2-10 所示体系。其中链杆 AC 和 BC 将刚片Ⅰ和结点 C 连接在一起，组成几何不变体系，这种连接一个新结点的不共线两链杆装置称为二元体。在一刚片或几何不变体系上加上二元体或减去二元体，得到的体系仍为几何不变体系。如果原体系是几何可变的，加上或减去二元体仍是几何可变体系。

在几何不变体系的组成法则中，指明了最低限度的约束数目。按照这些法则组成的体系称为无多余约束的几何不变体系。如果体系中的约束数目少于法则的数目，则体系是几何可变的，如图 2-11（a）所示。如果体系中的约束比法则中要求的多，则按法则组成有多余约束的几何不变体系。如图 2-11（b）所示体系，AB 部分以固定支座 A 与地基连接已构成几何不变体系，支座 B 处的两根链杆对保证体系的几何不变性来说是多余的，称为多余约束，因此该体系具有两个多余约束的几何不变体系。

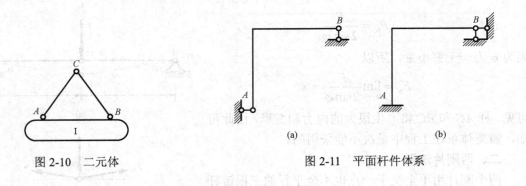

图 2-10 二元体

图 2-11 平面杆件体系

第4节 几何组成分析举例

几何组成分析的依据通常是前述的三个法则，由于不考虑材料的应变，分析时可将基础（或地基）视为一刚片，也可以将体系中一根梁、一根链杆或某些几何不变部分视为一刚片，还可以根据法则三先将体系中的二元体逐一除去以使分析简化。

【例 2-1】 试对图 2-12 所示体系的几何组成进行分析。

解 刚片 AB 用不共点的三根链杆 1、2、3 与基础相连。将 AB 与基础视为几何不变的大刚片，此刚片与刚片 CD 之间又用不共点的三根链杆（4、5 和 BC）相连。故该体系为几何不变且无多余约束的体系。

【例 2-2】 试对图 2-13 所示体系的几何组成进行分析。

解 此体系中，ABC 和 ADE 两部分均为铰接三角形体系。它们均可由一个基本的铰接三角形开始，依次增加二元体得到，故均为几何不变的，可视为刚片 Ⅰ 和 Ⅱ。刚片 Ⅰ 和刚片 Ⅱ 之间用铰 A 和链杆 CD 相连，且链杆 CD 不通过铰 A，所以组成几何不变体系 ABE，它又可视为一大刚片。将基础视为另一刚片，该两刚片之间用既不全交于一点又不全平行的三根链杆相连。故此体系是几何不变且无多余约束的体系。

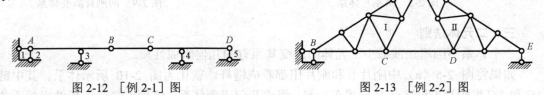

图 2-12 [例 2-1] 图

图 2-13 [例 2-2] 图

【例 2-3】 试对图 2-14 所示体系进行几何组成分析。

解 将 AB、BED 和基础分别作为刚片 Ⅰ、Ⅱ、Ⅲ。刚片 Ⅰ 和 Ⅱ 用铰 B 相联；刚片 Ⅰ 和 Ⅲ 用铰 A 相联，刚片 Ⅱ 和Ⅲ用铰 C（D 和 E 两处支座链杆的交点）相连。因 A、B、C 三铰在一直线上，因此该体系为瞬变体系。也可以将 BED 和地基作为钢片，AB 看作链杆，与 D、E 处的链杆相交于 C 点，同样证明为瞬变体系。

【例 2-4】 试对图 2-15 所示体系进行几何组成分析。

解 杆 AB 与基础通过不全相交于一点又不全平行的三根链杆相连，成为一几何不变部分，再增加 AEC 和 BDF 两个二元体。结点 C 和 D 已被约束，在它们之间的链杆 CD 显然是多余约束，故此体系为具有一个多余约束的几何不变体系。

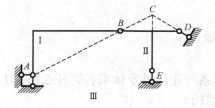

图 2-14 ［例 2-3］图

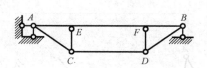

图 2-15 ［例 2-4］图

【例 2-5】 试对图 2-16 所示体系进行几何组成分析。

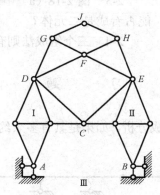

图 2-16 ［例 2-5］图

解 根据法则三依次撤除二元体 GJH，DGF，FHE，DFE 使体系简化，再分析剩余部分的几何组成，将 ADC 和 BEC 分别视为刚片 I 和 II，基础视为刚片Ⅲ。此三刚片分别用铰 A、B、C 两两相连，且三铰不在同一直线上，因此该体系为无多余约束的几何不变体系。

第 5 节 静定结构和超静定结构

用来作为结构的杆件体系必须是几何不变的，而几何不变体系又可分为无多余约束的（［例 2-1］、［例 2-2］、［例 2-5］）和有多余约束的（［例 2-4］）两类。后者的约束数目除满足几何不变的要求外还有多余。例如，图 2-17（a）所示连续梁，如果将 C、D 两支座链杆去掉 ［图 2-17（b）］，剩下的支座链杆恰好满足两刚片连接的要求，所以它有两个多余约束。

对于无多余约束的静定结构，如图 2-17（b）所示简支梁，其约束反力和内力都可以由静力平衡条件求得，这类结构称为静定结构。但是对于有多余约束的结构，却不能只依靠静力平衡条件求得其所有反力和内力。如图 2-17（a）所示连续梁，共有 5 个约束反力，而静力平衡条件仅有 3 个，因而仅用 3 个静力平衡条件无法求得其所有的约束反力，从而也就不能求出它的全部内力，这类结构称为超静定结构。

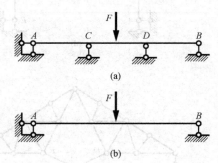

图 2-17 静定和超静定

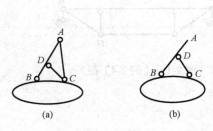

图 2-18　思考题 2-3 图

思 考 题

2-1　瞬变体系与几何可变体系各有什么特征？为什么它们不能作为结构？

2-2　三刚片法则中，当有一个或两个或三个虚铰在无穷远处时，应如何进行体系的几何组成分析？

2-3　图 2-18（a）中的 DAC 和图 2-18（b）中的 BDC 能否看成是二元体？

2-4　三个组成法则有何异同和内在联系？

习 题

对图 2-19 所示体系作几何组成分析。如果是具有多余约束的几何不变体系，需指出其多余约束的数目。

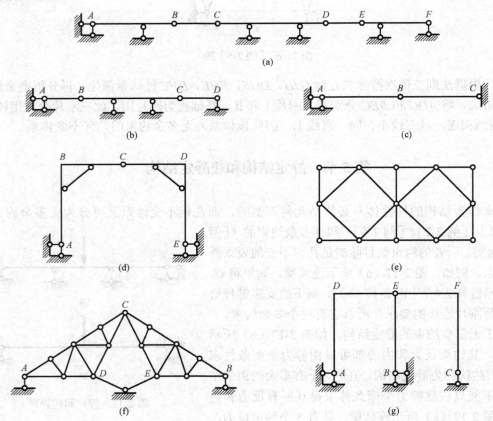

图 2-19　习题附图（一）

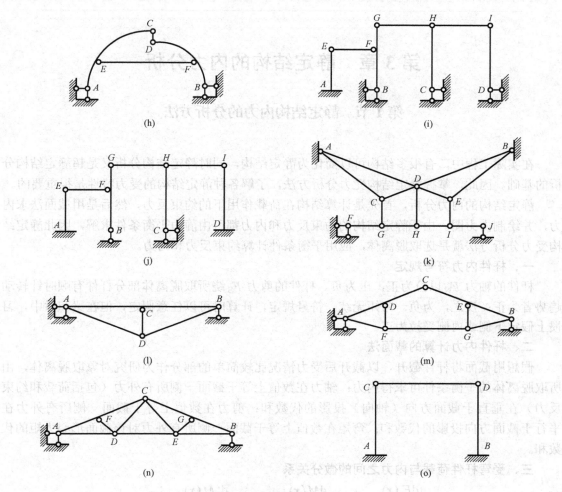

图 2-19 习题附图（二）

习 题 答 案

图 2-19 （a）、（b）、（d）、（f）、（h）～（k）、（m）均为无多余约束的几何不变体系。

图 2-19 （l）、（o）为具有一个多余约束的几何不变体系。

图 2-19 （n）具有两个多余约束的几何不变体系。

图 2-19 （c）为瞬变体系。

图 2-19 （e）、（g）为几何可变体系。

第3章 静定结构的内力分析

第1节 静定结构内力的分析方法

在实际工程中，有很多结构可以简化为静定结构，同时静定结构分析又是超静定结构分析的基础。因此，掌握静定结构受力分析方法，了解各种静定结构的受力特性是很重要的。

静定结构的内力分析，首先是计算结构在荷载作用下的约束反力，然后是用截面法求内力，并绘制内力图。由于静定结构的约束反力和内力都可由静力平衡条件求解，因此静定结构受力分析方法就是选取脱离体，应用平衡条件计算约束反力和内力。

一、杆件内力符号规定

杆件的轴力 F_N 以拉为正，压为负。杆件的剪力 F_S 绕所取脱离体部分杆件有顺时针转动趋势者为正；反之，为负。弯矩无统一符号规定，计算时可以任意假定，但在梁和拱中，习惯上假定下侧或内侧受拉为正。

二、杆件内力计算的截面法

假想用截面将杆件截开，以截开后受力情况比较简单的部分作为研究对象取脱离体，由所取脱离体的平衡条件可求得内力：轴力在数值上等于截面一侧所有外力（包括荷载和约束反力）在垂直于截面方向（轴向）投影的代数和；剪力在数值上等于截面一侧所有外力在平行于截面方向投影的代数和；弯矩在数值上等于截面一侧所有外力对该截面形心力矩的代数和。

三、受弯杆件荷载与内力之间的微分关系

$$\frac{\mathrm{d}F_S(x)}{\mathrm{d}x} = q(x), \quad \frac{\mathrm{d}M(x)}{\mathrm{d}x} = F_S(x), \quad \frac{\mathrm{d}^2 M(x)}{\mathrm{d}x^2} = q(x)$$

几何意义：剪力图上某点处的切线斜率等于该点处分布荷载集度 $q(x)$；弯矩图上某点处的切线斜率等于该点处的剪力；弯矩图上某点处的二阶导数等于该点的分布荷载集度。直杆在几种荷载作用下剪力图和弯矩图的特征见表 3-1。

表 3-1   直杆在几种荷载作用下剪力图和弯矩图的特征

荷载情况	无荷载	均布荷载	集中力	集中力偶
剪力图特征	水平线	斜直线	在集中力作用处有突变，突变值等于集中力大小	在集中力偶作用处无变化
弯矩图特征	斜直线	二次抛物线	在集中力作用处有尖角，尖角方向与集中力作用方向一致	在集中力偶作用处有突变，突变值为集中力偶大小，突变方向与集中力偶转动方向一致
弯矩极值位置	—	$F_S=0$ 的截面	剪力变号的截面	在靠近集中力偶作用的某一侧的截面

四、绘内力图

计算若干控制截面上的内力，按一定比例在原结构位置上绘出内力图。工程上习惯将弯矩图绘在杆件受拉一侧，不必注明符号，剪力图和轴力图可绘在杆件的任一侧，但必须注明正负号。对于受弯杆件，通常求出各杆段的杆端内力后，按荷载与内力之间的微分关系确定的变化规律绘出各杆段的内力图，并注意在集中力作用的两侧截面剪力图有突变，在集中力偶作用的两侧截面弯矩图有突变，最后拼装出整个结构的内力图。

当杆段上受有均布荷载或中点集中荷载等简单荷载时，弯矩图常采用下述叠加法绘制。

如图 3-1 所示，某一结构中任一杆段的脱离体，杆上受均布荷载 q 作用，杆端弯矩已求出。由静力平衡关系可知，此脱离体与一同跨度、受均布荷载 q 及力矩 M_{AB} 和 M_{BA} 作用下的简支梁相同 [图 3-1（b）]。即杆段 AB 的弯矩图与简支梁 AB 的弯矩图相同。简支梁的弯矩图等于力矩 M_{AB}、M_{BA} 作用下的弯矩图 [图 3-1（c）] 和均布荷载 q 作用下的弯矩图 [图 3-1（d）] 的叠加，图 3-1（e）即为叠加后简支梁的弯矩图。

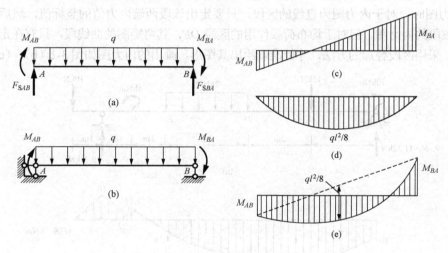

图 3-1　叠加法

五、校核

对计算结果应养成校核的良好习惯，掌握校核的方法。静定结构计算结果的校核仍然是根据平衡条件。校核时应使用分析时没有用过的平衡条件。

第 2 节　静　定　梁

一、单跨静定梁

以图 3-2 所示的外伸梁为例，绘制内力图时，首先利用平衡条件求出 A、B 两处的约束反力为

$$\Sigma M_B = 0, F_A = \frac{-10 + 15 \times 7 + 2 \times 3 \times 3.5 - 5 - 10 \times 1}{9} = 11.22 \text{kN}$$

$$\Sigma M_A = 0, F_B = \frac{10 + 15 \times 2 + 2 \times 3 \times 5.5 + 5 + 10 \times 10}{9} = 19.78 \text{kN}$$

然后根据荷载情况，以 C、D、E、F、B 为分点，由截面法计算出各控制截面的内力。

弯矩：
$$M_{AC} = 10\text{kNm}, \quad M_{CA} = M_{CD} = 10 + 11.22 \times 2 = 32.44\text{kNm}$$
$$M_{DC} = M_{DE} = 10 + 11.22 \times 4 - 15 \times 2 = 24.88\text{kNm}$$
$$M_{ED} = M_{EF} = 10 + 11.22 \times 7 - 15 \times 5 - 2 \times 3 \times 1.5 = 4.56\text{kNm}$$
$$M_{FE} = -10 \times 2 + 19.78 \times 1 - 5 = -5.22\text{kNm}$$
$$M_{FB} = -10 \times 2 + 19.78 \times 1 = -0.22\text{kNm}$$
$$M_{BF} = M_{BG} = -10 \times 1 = -10\text{kNm}$$
$$M_{GB} = 0$$

剪力：
$$F_{SAC} = F_{SCA} = 11.22\text{kN}, \quad F_{SCD} = F_{SDC} = F_{SDE} = 11.22 - 15 = -3.782\text{kN}$$
$$F_{SED} = F_{SEF} = F_{SFE} = F_{SFB} = F_{SBF} = 10 - 19.78 = -9.78\text{kN}, \quad F_{SBG} = F_{SGB} = 10\text{kN}$$

作内力图时，对于内力图为直线的区段，只要定出该段两端内力值的竖标值，然后以直线连接，即得该段的内力图。但对于均布荷载作用的区段 DE，其弯矩图的曲线段，只有在定出两端点的竖标后，采用区段叠加的方法，才能准确绘出其图形。画出的内力图如图 3-2（b）、（c）所示。

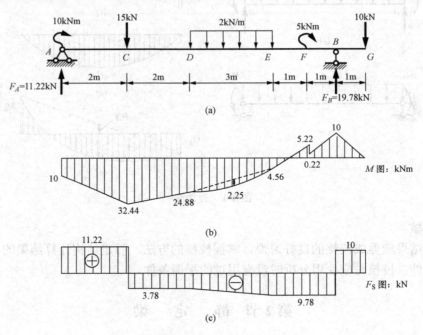

图 3-2　单跨静定梁

二、多跨静定梁

多跨静定梁是工程中比较常见的结构，它是由多根梁用铰接方式连接的静定体系，如图图 3-3 所示。由几何组成分析可知，图 3-3（a）所示梁，AC 和 DF 是基本部分，CD 是附属部分；图 3-3（b）所示梁，AC 是基本部分，梁 CE 和 EF 是附属部分。上述组成顺序可用图 3-4 所示层次图来表示，通过层次图可以看出力的传递过程：作用在附属部分上的荷载将通过铰链传到支撑它的主要部分，而作用在主要部分的荷载则对附属部分没有影响。因此分析多跨静定梁时，应先从附属部分开始，按几何组成的顺序逆向进行。

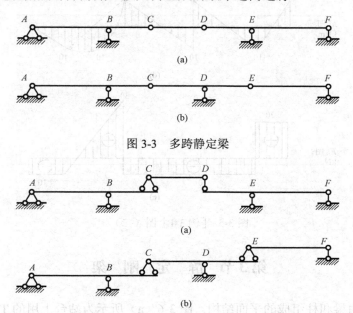

图 3-3　多跨静定梁

图 3-4　层次图

【**例 3-1**】　作图 3-5（a）所示多跨静定梁的内力图。

解　层次图如图 3-5（b）所示。从附属部分 *BC* 开始，求出 *B*、*C* 处的约束反力，然后反向地作用在 *BA* 梁和 *CE* 梁上，再求出 *CE* 梁 *D*、*E* 处的约束反力；依次求出各梁各控制截面的内力，对于均布荷载作用的区段 *DH*，其弯矩图的曲线段，只有在定出两端点的竖标后，采用区段叠加的方法，才能准确绘出其图形。多跨静定梁的内力图如图 3-5（d）、（e）所示。

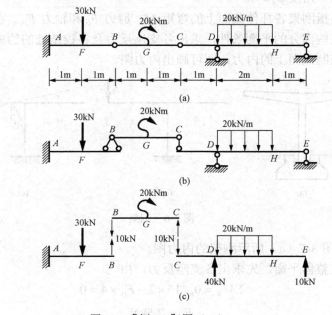

图 3-5　[例 3-1] 图（一）

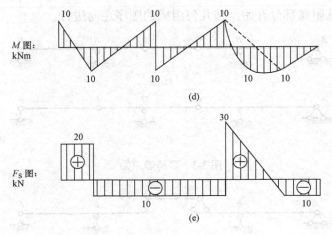

M 图:
kNm

(d)

F_S 图:
kN

(e)

图 3-5　[例 3-1] 图（二）

第 3 节　静　定　刚　架

平面刚架是由梁和柱组成的平面结构。图 3-6（a）所示为站台上用的 T 形刚架,它由两根横梁和一根立柱组成,梁和柱的连接处在构造上为刚性连接,即当刚架受力变形时,汇交于连接处的各杆端之间的角度始终保持不变。这种结点即为刚结点,具有刚结点是刚架的特点。由于刚结点的存在,刚架整体性好,内力分布较均匀,可形成较大的空间,制造也方便,因此,工程上得到广泛应用。图 3-6（a）所示刚架柱子的下端用细石混凝土填缝而嵌固于杯形基础中,可看作是固定支座。又因横梁倾斜坡度不大,可近似地以水平直杆替代,故其计算简图如图 3-6（b）所示。刚架受荷载作用后变形图如图 3-6（c）所示,其汇交于刚结点 A 的各杆端都转动同一角度 φ_A。

刚架的内力是指刚架各杆件截面上的弯矩 M、剪力 F_S 和轴力 F_N。在分析静定刚架时,通常先由整体或某些部分的平衡条件,求出各支座反力及各铰结处的约束力,然后再根据荷载情况,计算各控制截面上的内力,即可画出内力图。

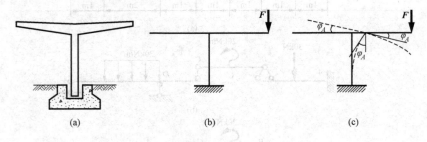

(a)　　　　　　(b)　　　　　　(c)

图 3-6　刚架

【例 3-2】　作图 3-7（a）所示刚架的内力图。

解　（1）通过整体平衡,先求出各支座反力,由

$$\Sigma M_A = 0,\quad 15 \times 2 - F_D \times 4 = 0$$

得
$$F_D = 7.5\text{kN}$$

由	$\Sigma F_y = 0, \quad -F_{Ay} + 7.5 = 0$
得	$F_{Ay} = 7.5\text{kN}$
再由	$\Sigma F_x = 0, \quad -F_{Ax} + 15 = 0$
得	$F_{Ax} = 15\text{kN}$

根据其他平衡条件进行校核，$\Sigma M_D = 0$，即 $-7.5 \times 4 + 15 \times 4 - 15 \times 2 = 0$，反力计算无误。

（2）绘制内力图。

1）弯矩图。根据各杆荷载情况，以 B、C 为分点分段绘图，AB、BC 和 CD 段均无荷载，只需求出控制截面的弯矩数值，即可连成直线图形；为计算方便，规定弯矩的符号以使刚架内侧受拉为正。

$$M_{AB} = 0, \quad M_{BA} = M_{BC} = 15 \times 2 = 30\text{kNm}，右侧受拉$$

$$M_{CB} = 15 \times 4 - 15 \times 2 = 30\text{kNm}，右侧受拉$$

$$M_{CD} = M_{CB}，下侧受拉$$

$$M_{DC} = 0$$

绘出的弯矩图如图 3-7（b）所示。

为了校核弯矩图，取结点 C 为脱离体，校核其是否满足平衡条件，由图 3-7（e）有

$$\Sigma M_C = 30 - 30 = 0$$

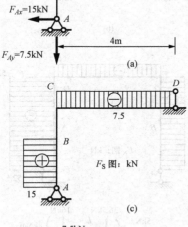

(a)

(b) *M* 图：kNm

(c) F_S 图：kN

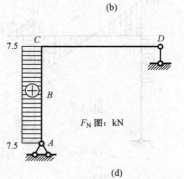

(d) F_N 图：kN

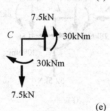

(e)

图 3-7 ［例 3-2］图

可见计算无误。

2）剪力图。剪力仍规定以使绕所取脱离体有顺时针方向转动趋势时为正。

$$F_{SAB} = F_{SBA} = 15\text{kN}$$
$$F_{SBC} = F_{SCB} = 15 - 15 = 0$$
$$F_{SCD} = F_{SDC} = -7.5\text{kN}$$

绘剪力图如图 3-7（c）所示。

3）轴力图。轴力仍以拉为正。

$$F_{NAB} = F_{NBA} = F_{NBC} = F_{NCB} = 7.5\text{kN}, \quad F_{NCD} = F_{NDC} = 0$$

绘轴力图如图 3-7（d）所示。

最后，取结点 C 校核剪力和轴力是否满足平衡条件，由图 3-7（e）有

$$\Sigma F_x = 0, \quad \Sigma F_y = 7.5 - 7.5 = 0$$

可见剪力图和轴力图计算无误。

【例 3-3】 试作图 3-8（a）所示刚架的内力图。

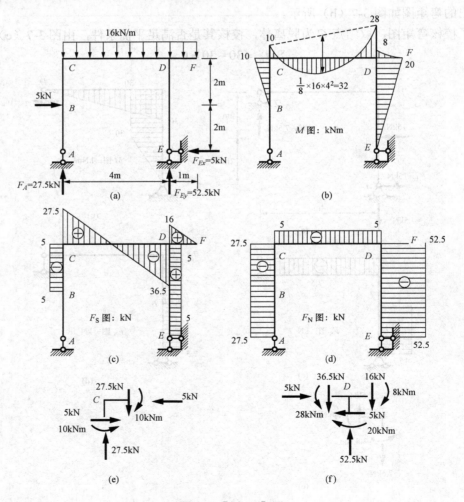

图 3-8 ［例 3-3］图

解 （1）求各支座反力。

由整体平衡条件得

$$\Sigma M_E = F_A \times 4 + 5 \times 2 - 16 \times 5 \times 1.5 = 0$$

$$F_A = 27.5\text{kN}$$

$$\Sigma F_y = F_{Ey} + 27.5 - 16 \times 5 = 0$$

$$F_{Ey} = 52.5\text{kN}$$

$$\Sigma F_x = 5 - F_{Ex} = 0$$

$$F_{Ex} = 5\text{kN}$$

$\Sigma M_A = 5 \times 2 + 16 \times 5 \times 2.5 - 52.5 \times 4 = 0$，校核无误。

（2）绘制内力图。

1）弯矩图。根据各杆荷载情况，以 B、C、D、E 为分点，分 AB、BC、CD、DF 和 DE 五段来绘图，各控制截面的弯矩为

$$M_{AB} = M_{BA} = M_{BC} = 0$$

$$M_{CB} = M_{CD} = -5 \times 2 = -10\text{kNm}，外侧受拉$$

$$M_{DC} = -5 \times 4 - 16 \times 1^2/2 = -28\text{kNm}，外侧受拉$$

$$M_{DE} = -5 \times 4 = -20\text{kNm}，外侧受拉$$

$$M_{ED} = 0$$

$$M_{DF} = -16 \times 1^2/2 = -8\text{kNm}，上侧受拉$$

悬臂部分 DF 和 CD 段呈抛物线分布，CD 段采用区段叠加方法计算，绘出弯矩图如图 3-8（b）所示。为了校核弯矩图，可取结点 C 和 D 为脱离体，如图 3-8（e）、（f）所示，校核是否满足力矩平衡条件。

2）剪力图。

$$F_{SAB} = F_{SBA} = 0，\ F_{SBC} = F_{SCB} = -5\text{kN}，\ F_{SCD} = 27.5\text{kN}，\ F_{SDC} = 27.5 - 16 \times 4 = -36.5\text{kN}$$

$$F_{SDF} = 16\text{kN}，\ F_{SFD} = 0，\ F_{SDE} = F_{SED} = 5\text{kN}$$

绘剪力图如图 3-8（c）所示。

3）轴力图。

$$F_{NAB} = F_{NBA} = F_{NBC} = F_{NCB} = -27.5\text{kN}，\ F_{NCD} = F_{NDC} = -5\text{kN}，$$

$$F_{NDF} = F_{NFD} = 0，\ F_{NDE} = F_{NED} = -52.5\text{kN}$$

绘轴力图如图 3-8（d）所示。

取结点 C 和 D，校核剪力和轴力是否满足力的平衡条件。

【例 3-4】 试作图 3-9 所示三铰刚架的内力图。

解 （1）求各支座反力。

由整体平衡条件得

$$\Sigma M_B = F_{Ay} \times 8 + 20 \times 4 \times 6 = 0$$

$$F_{Ay} = 60\text{kN}$$

$$\Sigma F_y = F_{By} + 60 - 40 \times 4 = 0$$

$$F_{By} = 20\text{kN}$$

$$\Sigma F_x = F_{Ax} - F_{Bx} = 0$$

$$F_{Ax} = F_{Bx}$$

再取右半部分 BEC ［图 3-9（a）］为脱离体，由平衡条件得

$$\Sigma M_C = F_{Bx} \times 8 - 20 \times 4 = 0$$

$$F_{Bx} = 10\text{kN}$$

于是

$$F_{Ay} = 10\text{kN}$$

为了校核支座反力，取另一半为脱离体，由 $\Sigma M_C = 60 \times 4 - 10 \times 8 - 20 \times 4 \times 2 = 0$ 校核无误。

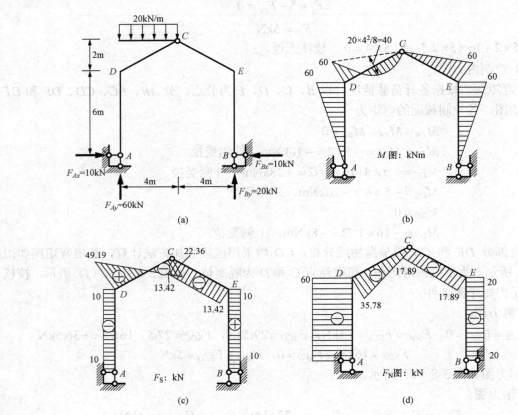

图 3-9　［例 3-4］图

（2）绘制内力图。

1）弯矩图。

根据各杆荷载情况，分 AD、DC、CE 和 EB 四段来绘图，各控制截面的弯矩为

$$M_{AD} = M_{BE} = M_{CD} = M_{CE} = 0$$

$$M_{DA} = M_{DC} = -10 \times 6 = -60\text{kNm}，外侧受拉$$

$$M_{EB} = M_{EC} = -10 \times 6 = -60\text{kNm}，外侧受拉$$

DC 段呈抛物线分布，采用区段叠加方法计算，绘出弯矩图如图 3-9（b）所示。

2）剪力图和轴力图。

$$F_{SAD} = F_{SDA} = -10\text{kN}, \quad F_{SBE} = F_{SEB} = 10\text{kN}$$

为了便于计算斜杆 DC 和 CE 的剪力和轴力，先取图 3-10（a）所示 AD 为脱离体，列投

影方程：由 $\Sigma F_n = F_{NDC} + 10\cos\alpha + 60\sin\alpha = 0$

即 $F_{NDC} + 10 \times \dfrac{2}{\sqrt{5}} + 60 \times \dfrac{1}{\sqrt{5}} = 0$，得

$$F_{NDC} = -16\sqrt{5} = -35.78\text{kN}$$

由 $\Sigma F_\tau = -F_{SDC} + 60\cos\alpha - 10\sin\alpha = 0$，得

$$F_{SDC} = 22\sqrt{5} = 49.19\text{kN}$$

再取 DC 为脱离体，如图 3-10（b）所示。

由 $\Sigma M_D = -60 + \dfrac{1}{2} \times 20 \times 4^2 + F_{SCD} \times 2\sqrt{5} = 0$，得

$$F_{SCD} = -10\sqrt{5} = -22.36\text{kN}$$

由 $\Sigma F_n = F_{NCD} - 20 \times 4\sin\alpha - F_{NDC} = 0$，得

$$F_{NCD} = 0$$

再取 BE 为脱离体，如图 3-10（c）所示，

由 $\Sigma F_{n'} = F_{NEC} + 10\cos\alpha + 20\sin\alpha = 0$，得

$$F_{NEC} = -8\sqrt{5} = -17.89\text{kN}$$

由 $\Sigma F_{\tau'} = F_{NEC} - 10\sin\alpha + 20\cos\alpha = 0$

可得

$$F_{SEC} = -6\sqrt{5} = -13.42\text{kN}$$

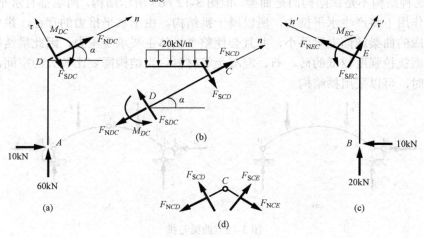

图 3-10　[例 3-4] 图

无荷载区段剪力和轴力均为常数，即 $F_{SCE} = F_{SEC} = -13.42\text{kN}$，$F_{NCE} = F_{NEC} = -17.89\text{kN}$

绘剪力图和轴力图如图 3-9（c）、（d）所示。

（3）校核。可取结点 C，如图 3-10（d）所示，用 $\Sigma F_y = 0$ 来校核，即

$$\Sigma F_y = -22.36 \times \frac{2}{\sqrt{5}} + 13.42 \times \frac{2}{\sqrt{5}} + 17.89 \times \frac{1}{\sqrt{5}} = 0$$

可见结点 C 满足平衡条件，计算无误。

第4节 三 铰 拱

一、概述

拱结构在桥梁、房屋等建筑结构中有广泛的应用。拱结构的计算简图一般有三种：图 3-11（a）所示的无铰拱，图 3-11（b）所示的两铰拱和图 3-11（c）所示的三铰拱，其中无铰拱和两铰拱是超静定的，而三铰拱是静定的，在本书中仅讨论三铰拱的计算。

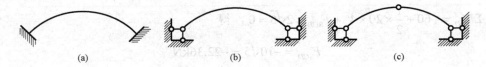

图 3-11 拱

（a）无铰拱；（b）两铰拱；（c）三铰拱

拱结构的特点是杆轴线为曲线，而且在竖向荷载作用下具有水平反力。这种水平反力又称为水平推力。拱结构与梁结构的区别，不仅在于外形不同，更重要的还在于在竖向荷载作用下是否产生水平推力。图 3-12 所示两个结构，虽然它们的杆轴线都是曲线，但图 3-12（a）所示结构在竖向荷载作用下不产生水平推力，其弯矩与同跨度、同荷载的相应简支梁的弯矩相同，所以这种结构不是拱结构而是曲梁。但图 3-12（b）所示结构，两端都有水平支座链杆，在竖向荷载作用下将产生水平推力，所以属于拱结构。由于水平推力的存在，拱中各截面的弯矩将比相应的曲梁或简支梁要小，并且会使整个拱体主要承受压力，因此拱结构可采用抗压强度较高而抗拉强度较低的砖、石、混凝土等材料。当结构需要比较大的空间，而梁结构又不能满足时，可以采用拱结构。

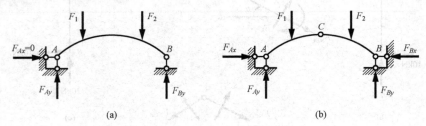

图 3-12 曲梁与拱

拱结构（图 3-13）最高的一点称为拱顶，三铰拱的中间铰通常安置在拱顶处。拱的两端

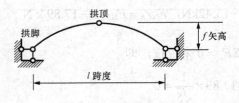

图 3-13 拱结构示意

与支座连接处称为拱趾，或者称为拱脚，两拱脚在同一水平线上的拱称为平拱，否则为斜拱。两拱脚间的水平距离 l 称为跨度。拱顶到两拱脚连线的竖向距离 f 称为矢高，或者称为拱矢。矢高与跨度之比 f/l 称为高跨比或矢跨比。矢跨比是拱的重要几何特征，其值可由 1/10 到 1，变化范围很大。跨度 l 与矢高 f 要根据结构使用条件来确定。拱轴线的形状常用的有抛物线、圆弧线和悬链线等，视荷载情况而定。

三铰拱的水平推力作用于基础（如桥墩或墙垛），因此要求有坚固的基础，如果基础不能承受水平推力,可以去掉一根水平链杆,而在拱内加一根拉杆,由拉杆的拉力来代替推力。如图 3-14 所示,这种结构称为带拉杆的三铰拱。

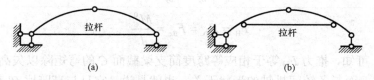

图 3-14　带拉杆的三铰拱

二、三铰拱的计算

三铰拱是静定结构,其全部反力和内力都可以由静力平衡方程求出。为了说明三铰拱的计算方法,现以在竖向荷载作用下的平拱[如图 3-15(a)所示]为例,导出其计算公式。

1. 支座反力的计算公式

三铰拱的两端都是固定铰支座,因此有 4 个未知反力,故需列 4 个平衡方程进行解算。除了三铰拱整体平衡的 3 个方程之外,还可以利用中间铰不能抵抗弯矩的特性(即弯矩 $M_C = 0$),建立另一个平衡方程。

首先,考虑整体的平衡,由

$$\Sigma M_B = F_{Ay}l - F_1 b_1 - F_2 b_2 - F_3 b_3 = 0$$

可得左支座竖向反力为

$$F_{Ay} = \frac{F_1 b_1 + F_2 b_2 + F_3 b_3}{l} \qquad (\text{a})$$

同理,由 $\Sigma M_A = 0$,可得右支座竖向反力为

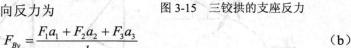

图 3-15　三铰拱的支座反力

$$F_{By} = \frac{F_1 a_1 + F_2 a_2 + F_3 a_3}{l} \qquad (\text{b})$$

由 $\Sigma F_x = 0$,水平反力 F_H 为

$$F_H = F_{Ax} = F_{Bx}$$

再考虑 $M_C = 0$ 的条件,取左边部分拱上所有外力对 C 点的矩来计算,则由

$$\Sigma M_C = F_{Ay}\frac{l}{2} - F_1\left(\frac{l}{2} - a_1\right) - F_2\left(\frac{l}{2} - a_2\right) - F_{Ax}f = 0$$

所以
$$F_H = F_{Ax} = F_{Bx} = \frac{F_{Ax}\dfrac{l}{2} - F_1\left(\dfrac{l}{2} - a_1\right) - F_2\left(\dfrac{l}{2} - a_2\right)}{f} \qquad (\text{c})$$

式(a)和式(b)右边的值等于如图 3-15(b)所示相应等跨度简支梁的支座反力 F_{Ay}^0 和 F_{By}^0。式(c)右边分子,等于相应等跨度简支梁与拱中间铰相应位置的截面 C 的弯矩 M_C^0,由此可得

$$F_{Ay} = F_{Ay}^0 \tag{3-1}$$

$$F_{By} = F_{By}^0 \tag{3-2}$$

$$F_H = F_{Ax} = F_{Bx} = \frac{M_C^0}{f} \tag{3-3}$$

由式（3-3）可知，推力 F_H 等于相应等跨度简支梁截面 C 的弯矩除以矢高 f，其值只与三个铰的位置有关，而与各铰间拱轴的形状无关，也就是说，它只与高跨比 f/l 有关。当荷载和拱的跨度不变时，推力 F_H 与拱高 f 成反比，即 f 越大，F_H 越小，反之，f 越小 F_H 越大。

2．内力的计算公式

计算内力时应注意到拱轴为曲线的这一特点，所取截面应与轴正交，即与拱轴的切线垂直 [图 3-16（a）]。任一 K 截面的位置取决于该截面形心坐标 x_K、y_K，以及该处拱轴切线的水平夹角 φ_K，截面 K 的内力可分解为弯矩 M_K，剪力 F_{SK}（沿截面方向）和轴力 F_{NK}（垂直于截面方向）。下面分别计算这三种内力。

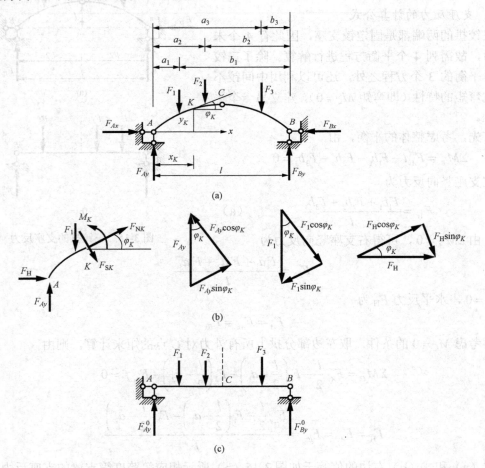

图 3-16　三铰拱的内力

（1）弯矩的计算公式。弯矩的符号规定以使拱内侧受拉为正，反之为负。取 AK 段为脱离体，如图 3-16（b）所示，由

$$\Sigma M_K = F_{Ay}x_K - F_1(x_K - a_1) - F_{\mathrm{H}}y_K - M_K = 0$$

求得 K 截面的弯矩为

$$M_K = [F_{Ay}x_K - F_1(x_K - a_1)] - F_{\mathrm{H}}y_K$$

根据 $F_{Ay} = F_{Ay}^0$，可见式中方括号部分的值等于相应等跨度简支梁 [图 3-16（c）] K 截面的弯矩 M_K^0，所以上式又可写为

$$M_K = M_K^0 - F_{\mathrm{H}}y_K \tag{3-4}$$

即拱内任一截面的弯矩，等于相应简支梁对应截面的弯矩减去拱的推力 F_{H} 所引起的弯矩 $F_{\mathrm{H}}y_K$。由此可知，因推力的存在，三铰拱中的弯矩比相应简支梁的弯矩要小。

（2）剪力的计算公式。剪力的符号仍然规定以使截面一侧脱离体有顺时针方向转动趋势时为正，反之为负。取 AK 段为脱离体将其上各力向截面方向投影，如图 3-16（b）所示，由平衡条件

$$F_{SK} - F_{Ay}\cos\varphi_K + F_1\cos\varphi_K + F_{\mathrm{H}}\sin\varphi_K = 0$$

得

$$F_{SK} = (F_{Ay} - F_1)\cos\varphi_K - F_{\mathrm{H}}\sin\varphi_K$$

式中（$F_{Ay} - F_1$）等于相应简支梁在截面 K 处的剪力，于是上式可改写为

$$F_{SK} = F_{SK}^0\cos\varphi_K - F_{\mathrm{H}}\sin\varphi_K \tag{3-5}$$

式中　φ_K ——K 截面处的拱轴切线的倾角。

上式也可以用来计算右半拱各截面的剪力，但此时 φ_K 应取负值。

（3）轴力的计算公式。轴力的符号仍然规定使截面受拉为正，反之为负。取 AK 段为脱离体，将其上各力向 K 截面法向方向投影，如图 3-16（b）所示，由平衡条件

$$F_{NK} + F_{Ay}\sin\varphi_K - F_1\sin\varphi_K + F_{\mathrm{H}}\cos\varphi_K = 0$$

$$F_{NK} = -(F_{Ay} - F_1)\sin\varphi_K - F_{\mathrm{H}}\cos\varphi_K$$

即

$$F_{NK} = -F_{SK}^0\sin\varphi_K - F_{\mathrm{H}}\cos\varphi_K \tag{3-6}$$

φ_K 在左半拱为正，右半拱为负。

【例 3-5】　试绘如图 3-17 所示三铰拱的内力图，其拱轴为一抛物线，当坐标原点选在左支座时拱轴方程由下式表示

$$y = \frac{4f}{l^2}x(l - x)$$

解　先求支座反力，根据式（3-1）～式（3-3）可得

$$F_{Ay} = F_{Ay}^0 = \frac{100 \times 9 + 20 \times 6 \times 3}{12} = 105\mathrm{kN}$$

$$F_{By} = F_{By}^0 = \frac{100 \times 3 + 20 \times 6 \times 9}{12} = 115\mathrm{kN}$$

$$F_{\mathrm{H}} = \frac{M_C^0}{f} = \frac{105 \times 6 - 100 \times 3}{4} = 82.5\mathrm{kN}$$

反力求出后再根据式（3-4）～式（3-6）计算内力并绘制内力图。为此将拱跨分为 8 等分，列表（表 3-2）算出各截面的弯矩、剪力和轴力值，然后根据表中所得数值绘制弯矩、剪力和轴力图，如图 3-17（c）～（e）所示，这些内力图是以水平线为基线绘制的，图 3-17（b）

为相应简支梁的弯矩图。

表 3-2　　　　　　　　　　　　　**三铰拱内力的计算**

拱轴分点	0	1	2左/2右	3	4	5	6	7	8
y 坐标（m）	0	1.75	3.0	3.75	4.0	3.75	3.0	1.75	0
$\tan \varphi_K$	1.333	1.000	0.667	0.333	0.000	−0.333	−0.667	−1.000	−1.333
φ_K	53°7′	45°	33°42′	18°25′	0°	−18°25′	−33°42′	−45°	−53°7′
$\sin \varphi_K$	0.800	0.707	0.555	0.316	0.0	−0.316	−0.555	−0.707	−0.800
$\cos \varphi_K$	0.599	0.707	0.832	0.948	1.000	0.948	0.832	0.707	0.599
F_{SK}^0	105.0	105.0	105.0/5.0	5.0	5.0	−25.0	−55.0	−85.0	−115.0
M_K^0	0.0	157.5	315.0	322.5	330.0	315.0	255.0	150.0	0.0
$-F_H y_k$	0.0	−144.4	−247.5	−309.4	−330.0	−309.4	−247.5	−144.4	0.0
M_K	0.0	13.1	67.5	13.1	0.0	5.6	7.5	5.6	0.0
$F_{SK}^0 \cos \varphi_K$	63.0	74.2	87.4/4.2	4.7	5.0	−23.7	−45.8	−60.1	−68.9
$-F_H \sin \varphi_K$	−66.0	−58.3	−45.8	−26.1	0.0	26.1	45.8	58.3	66.0
F_S	−3.0	15.9	41.6/−41.6	−21.4	5.0	2.4	0.0	−1.8	−2.9
$F_{SK}^0 \sin \varphi_K$	84.0	74.2	58.3/2.8	1.6	0.0	7.9	30.5	60.1	92.0
$F_H \cos \varphi_K$	49.5	58.3	68.6	78.3	82.5	78.3	68.6	58.3	49.5
F_N	−133.5	−132.5	−126.9/−71.4	−79.9	−82.5	−86.2	−99.1	−118.4	−141.5

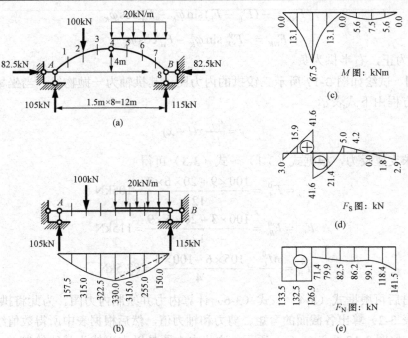

图 3-17　三铰拱的内力图

现以截面 1（离左支座 1.5m 处）和截面 2（离左支座 3m 处）的内力计算方法，对表 3-2 说明如下。在截面 1，有 $x=1.5$m，由拱轴方程可求得

$$y_1 = \frac{4f}{l^2}x_1(l-x_1) = \frac{4\times4}{12^2}\times1.5\times(12-1.5) = 1.75\text{m}$$

$$\tan\varphi_1 = \left(\frac{\mathrm{d}y}{\mathrm{d}x}\right)_1 = \frac{4f}{l^2}(l-2x_1) = \frac{4\times4}{12^2}(12-2\times1.5) = 1$$

所以切线倾角 $\varphi_1 = 45°$，于是有

$$\sin\varphi_1 = \cos\varphi_1 = 0.707$$

根据式（3-4）～式（3-6）求得该截面的弯矩、剪力和轴力分别为

$$M_1 = M_1^0 - F_H y_1 = 105\times1.5 - 82.5\times1.75 = 13.1\text{kNm}$$

$$F_{S1} = F_{S1}^0\cos\varphi_1 - F_H\sin\varphi_1 = 105\times0.707 - 82.5\times0.707 = 15.9\text{kN}$$

$$F_{N1} = -F_{S1}^0\sin\varphi_1 - F_H\cos\varphi_1 = -(105\times0.707 + 82.5\times0.707) = -132.5\text{kN}$$

在截面 2 因有集中荷载作用，所以在该截面两侧的剪力和轴力不相等，此处剪力和轴力图将发生突变，现计算如下：

$$M_2 = M_2^0 - F_H y_2 = 105\times3 - 82.5\times3 = 67.5\text{kNm}$$

$$F_{S2}^L = F_{S2}^{0L}\cos\varphi_2 - F_H\sin\varphi_2 = 105\times0.832 - 82.5\times0.555 = 41.6\text{kN}$$

$$F_{S2}^R = F_{S2}^{0R}\cos\varphi_2 - F_H\sin\varphi_2 = 5\times0.832 - 82.5\times0.555 = -41.6\text{kN}$$

$$F_{N2}^L = -F_{S2}^{0L}\sin\varphi_2 - F_H\cos\varphi_2 = -(105\times0.555 + 82.5\times0.832) = -126.9\text{kN}$$

$$F_{N2}^R = -F_{S2}^{0R}\sin\varphi_2 - F_H\cos\varphi_2 = -(5\times0.555 + 82.5\times0.832) = -71.4\text{kN}$$

其他各截面内力计算与以上相同。

三、拱的合理轴线

对于三铰拱来说，在一般情况下，截面上有弯矩、剪力和轴力作用，处于偏心受压状态，正应力分布不均匀。但是，在给定荷载作用下，可以选取一根适当的拱轴线，使拱上各截面只承受轴力，而弯矩为零。此时，任一截面上正应力分布将是均匀的，因而拱体材料能够充分地利用，这样的拱轴线称为合理拱轴线。

当拱的跨度和荷载已知时，相应简支梁的弯矩 M_K^0 不随拱轴线改变，而 $-F_H y_K$ 则与拱轴线有关（注意，前已指出推力 F_H 的数值只与三个铰的位置有关，而与各铰间的轴线形状无关）。因此在三个铰之间恰当地选择拱的轴线形式，使拱中各截面弯矩 M 都等于零。

为了求出合理的拱轴线方程，根据各截面弯矩都等于零的条件，由式（3-4）得

$$M = M^0 - F_H y = 0$$

所以得

$$y = \frac{M^0}{F_H} \tag{3-7}$$

由式（3-7）可知：合理拱轴线的坐标 y 与相应简支梁的弯矩竖标成正比，当拱上所受荷载

为已知时，只需要求出相应简支梁的弯矩方程，然后除以推力 F_H，便可得到拱的合理轴线方程。

【例 3-6】 试求图 3-18（a）所示对称三铰拱在均布荷载作用下的合理拱轴线。

解 作出相应简支梁如图 3-18（b）所示，其弯矩方程为

$$M^0 = \frac{1}{2}qlx - \frac{1}{2}qx^2 = \frac{1}{2}qx(l-x)$$

由式（3-3）求得

$$F_H = \frac{M_C^0}{f} = \frac{\frac{1}{8}ql^2}{f} = \frac{ql^2}{8f}$$

由式（3-7）得到合理拱轴线方程为

$$y = \frac{\frac{1}{2}qx(l-x)}{\frac{ql^2}{8f}} = \frac{4f}{l^2}x(l-x)$$

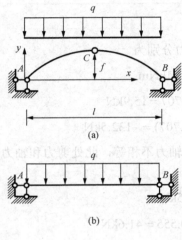

图 3-18 ［例 3-6］图

由此可见，在满跨竖向均布荷载作用下，三铰拱的合理杆轴线是一根抛物线。在房屋建筑中的拱轴线常采用抛物线。

必须指出，一种合理杆轴线只对应一种荷载作用的情况，工程中通常以主要荷载作用下的合理轴线作为实际拱轴线。

第 5 节　静 定 平 面 桁 架

一、概述

桁架结构在土木工程中应用很广泛，特别是在大跨度结构中，桁架更是一种重要的结构形式。图 3-19（a）、（c）所示钢筋混凝土屋架和钢木屋架属于桁架，武汉长江大桥和南京长江大桥的主体结构也是桁架结构。

桁架的形式、桁架杆件之间的连接方式及采用的材料是多种多样的。在分析桁架时，必须选取既能反映其本质，又便于计算的简图。科学实验和理论分析的结果表明，各种桁架有着共同的特性：在结点荷载作用下，桁架中各杆的内力主要是轴力，而弯矩和剪力很小，可以忽略不计，因而从力学观点来看，连接各杆的结点所起作用和铰结点是接近的。这样，图 3-19（a）、（c）所示桁架的计算简图可分别用图 3-19（b）、（d）表示。这种计算简图引用了下列假定：

（1）结点都是光滑、无摩擦的理想铰结点。

（2）各杆的轴线都是直线并通过铰的中心。

（3）荷载和支座反力都作用在结点上。

符合上述假定的桁架称为理想桁架，其各杆只受到轴力作用。这类杆件称为二力杆，在轴向拉伸和压缩时，由于截面上的应力为均匀分布，能同时达到极限，因此材料能得到充

分利用。

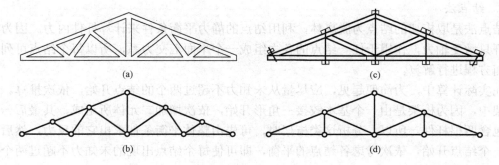

图 3-19　桁架与计算简图

实际桁架常不能完全符合上述的理想情况。例如桁架的结点具有一定的刚性，有些杆件在结点处可能连续不断，或者各杆之间的夹角几乎不能变动。另外，各杆轴线无法绝对平直，结点上各杆的轴线也不一定全交于一点，或者荷载并不都作用在结点上等。因此，桁架中某些杆件必将发生弯曲而产生不均匀分布的应力。通常将按理想桁架计算出来的内力称为主内力，由于理想情况不能完全实现而产生的附加内力称为次内力。本节只讨论理想桁架的主内力。

常用的桁架一般按下列两种方式组成：

（1）由基础或由一个基本铰接三角形开始，依次增加二元体组成桁架，如图 3-20 所示，这样的桁架称为简单桁架。

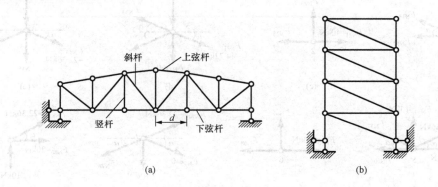

图 3-20　简单桁架

（2）由几个简单桁架按照几何不变体系简单组成规则连成一个桁架，如图 3-21 所示，这样的桁架称为联合桁架，其中将简单桁架连结在一起的杆件称为联合杆。

桁架的杆件，按其所在位置不同，可分为弦杆和腹杆两类。如图 3-20（a）所示，弦杆是指桁架上、下外围的杆件，所以弦杆又分为上弦杆和下弦杆。桁架上、下弦杆之间的杆件称为腹杆。腹杆又

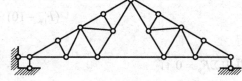

图 3-21　联合桁架

分竖杆和斜杆。弦杆上相邻两结点之间的区间称为节间，其间距 d 称为节间长度。

二、计算桁架内力的方法

1. 结点法

结点法是取桁架的结点为脱离体，利用结点的静力平衡条件来计算杆件内力。因为桁架的各杆只承受轴力，作用于任一结点的各力组成一个平面汇交力系，所以每个结点可列出两个平衡方程进行解算。

在实际计算中，为简便起见，应尽量从未知力不超过两个的结点开始，依次推算。在简单桁架中，因为桁架是由一个基本铰接三角形开始，依次增加二元体所组成，其最后一个结点只包含两根杆件。所以，分析这类桁架时，可先由整体平衡条件求出它的反力，然后再从最后一个结点开始，依次考虑各结点的平衡，即可使每个结点出现的未知力不超过两个，从而直接求出各杆的内力。

【例 3-7】 试用结点法计算图 3-22（a）所示桁架中各杆的内力。

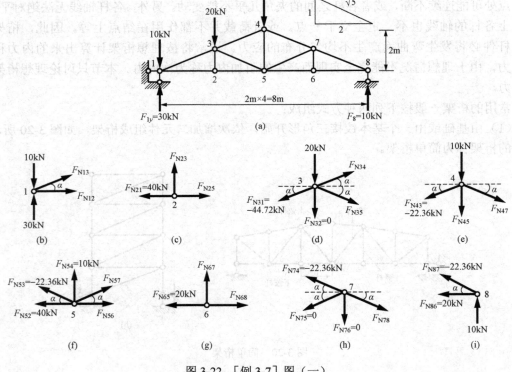

图 3-22 ［例 3-7］图（一）

解 首先求出支座反力，以整个桁架为脱离体，由 $\Sigma M_B = 0$ 有

$$(F_{1y} - 10) \times 8 - 20 \times 6 - 10 \times 4 = 0$$

得
$$F_{1y} = 30\text{kN}$$

再由 $\Sigma F_y = 0$ 有

$$30 - 10 - 20 - 10 + F_8 = 0$$

得
$$F_8 = 10\text{kN}$$

求出反力后，可截取结点求解各杆的内力。最初遇到只有两个未知力的结点有 1 和 8 两

个结点，现在从 1 结点开始，然后依 2，3，4…次序进行求解。在计算时，通常假定各杆的内力为拉力，如果所得结果为负，则为压力。

（1）取结点 1 为脱离体，如图 3-22（b）所示。由 $\Sigma F_y = 0$ 有

$$F_{N13} \times \frac{1}{\sqrt{5}} - 10 + 30 = 0$$

得

$$F_{N13} = -44.72\text{kN}$$

再由 $\Sigma F_x = 0$ 有

$$F_{N13} \times \frac{2}{\sqrt{5}} + F_{N12} = 0$$

得

$$F_{N12} = -F_{N13} \times \frac{2}{\sqrt{5}} = 40\text{kN}$$

（2）取结点 2 为脱离体，如图 3-22（c）所示。

$$\Sigma F_y = 0 , \quad F_{N23} = 0$$

再由

$$\Sigma F_x = 0, \quad F_{N25} - F_{N21} = 0 \ 得$$

$$F_{N25} = F_{N21} = 40\text{kN}$$

（3）取结点 3 为脱离体，如图 3-22（d）所示。

$$\Sigma F_x = 0 , \quad -F_{N31} \times \frac{2}{\sqrt{5}} + F_{N34} \times \frac{2}{\sqrt{5}} + F_{N35} \times \frac{2}{\sqrt{5}} = 0$$

$$\Sigma F_y = 0 , \quad -20 + F_{N34} \times \frac{1}{\sqrt{5}} - F_{N35} \times \frac{1}{\sqrt{5}} - F_{N31} \times \frac{1}{\sqrt{5}} = 0$$

联立求解可得

$$F_{N34} = -22.36\text{kN}, \quad F_{N35} = -22.36\text{kN}$$

（4）取结点 4 为脱离体，如图 3-22（e）所示。由 $\Sigma F_x = 0$ 有

$$F_{N47} = -22.36\text{kN}$$

再由 $\Sigma F_y = 0$ 有

$$F_{N45} = 10\text{kN}$$

（5）取结点 5 为脱离体，如图 3-22（f）所示。由 $\Sigma F_y = 0$ 有

$$F_{N57} = 0$$

再由 $\Sigma F_x = 0$ 有

$$F_{N56} = 20\text{kN}$$

（6）取结点 6 为脱离体，如图 3-22（g）所示，由 $\Sigma F_y = 0$ 有

$$F_{N67} = 0$$

再由 $\Sigma F_x = 0$ 有

$$F_{N68} = 20\text{kN}$$

（7）取结点 7 为脱离体，如图 3-22（h）所示。由 $\Sigma F_x = 0$ 有

$$F_{N78} = -22.36\text{kN}$$

至此，桁架中各杆内力都已求得。最后可根据结点 8 的脱离体，如图 3-23（i）所示，校核是否满足平衡条件。此时有

$$\Sigma F_x = 0 , \quad -(-22.36) \times \frac{2}{\sqrt{5}} - 20 = 0$$

$$\Sigma F_y = 0 , \quad -22.36 \times \frac{1}{\sqrt{5}} + 10 = 0$$

可见计算结果无误。为了清晰起见，将此桁架各杆的内力标注在图 3-23 中。

桁架中内力为零的杆件称为零杆。如上例中 23、67、57 三杆件就是零杆，出现零杆的情况可归纳如下：

（1）两杆汇交于一个结点上，且该结点无荷载作用 [图 3-24（a）]，则该两杆的内力为零。

（2）三杆汇交于一个结点上，该结点无荷载作用，如果其中有两根杆在一直线上 [图 3-24（b）]，则另一杆必为零杆。

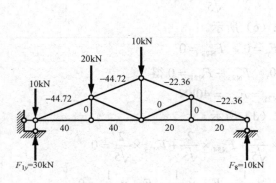

图 3-23 ［例 3-7］图（二）

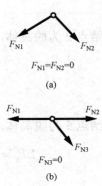

图 3-24 零杆判断

上述结论不难由结点平衡条件得以证实。在分析桁架时，可先利用上述原则找出零杆，这样可使计算工作简化。

2. 截面法

除结点法外，另一种分析桁架的基本方法是截面法。这种方法是用一截面，截取桁架的某一部分为脱离体，再以平衡方程求出未知的杆件内力。作用于脱离体上的内力为一般平面力系，所以只要未知力数目不超过三个，则可将截面上的内力直接求出。

【例 3-8】 求出图 3-25（a）所示桁架（与 ［例 3-7］相同）中 25、34、35 三杆的内力。

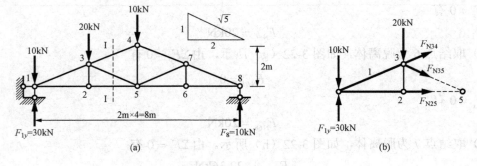

图 3-25 ［例 3-8］图

解 首先求出支座反力，由 ［例 3-7］已求得

$$F_{1y} = 30\text{kN} , \quad F_8 = 10\text{kN}$$

然后，假想用截面 I—I 将 34、35、25 三杆截断，取桁架左边部分为脱离体，其示力图如图 3-25（b）所示。为了求得 F_{N25}，可取 F_{N34} 和 F_{N35} 两未知力的交点 3 为矩心，由 $\Sigma M_3 = 0$ 有

$$(30 - 10) \times 2 - F_{N25} \times 1 = 0$$

得

$$F_{N25} = 40\text{kN}$$

为了求得 F_{N34}，取 F_{N35} 和 F_{N25} 两力的交点 5 为矩心，由 $\Sigma M_5 = 0$，即

$$(30 - 10) \times 4 - 20 \times 2 + F_{N34} \times \frac{2}{\sqrt{5}} \times 1 + F_{N34} \times \frac{1}{\sqrt{5}} \times 2 = 0$$

得

$$F_{N34} = -22.36\text{kN}$$

再由 $\Sigma F_y = 0$，即

$$30 - 10 - 20 + F_{N34} \times \frac{1}{\sqrt{5}} - F_{N35} \times \frac{1}{\sqrt{5}} = 0$$

得

$$F_{N35} = -22.36\text{kN}$$

当然，也可以用另一个投影方程来求 F_{N35}。

结点法和截面法是计算桁架内力常用的两种方法。对于简单桁架来说用哪种方法计算都很简便。至于联合桁架的内力分析，则应先用截面法将联合杆的内力求出，然后再对组成联合桁架的各简单桁架进行分析。例如图 3-26 所示联合桁架，由截面法（用 I—I 截面截开）先求出 DE 杆的内力之后，其左、右两部分都可作为简单桁架加以处理。

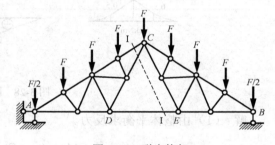

图 3-26 联合桁架

第 6 节 静定组合结构

组合结构是由受弯杆件与桁杆组合而成的结构，这种结构一般采用力学性能不同的材料，其特点是重量轻，施工方便，适用于各种跨度的建筑物。图 3-27（a）所示为下撑式五角形屋架，就是组合结构的一个实例。该结构上弦杆由钢筋混凝土制成，下弦杆和腹杆为型钢。其计算简图如图 3-27（b）所示。

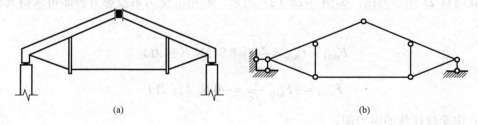

(a)   (b)

图 3-27 组合结构

利用截面法计算组合结构时，应该注意，如果被截的是桁杆，则截面上只有轴力；若被截的是受弯构件，则截面上一般作用有弯矩、剪力和轴力。组合结构的计算应先求出所有约

束力，然后再求内力。求内力时，一般先求桁杆的轴力，再求受弯杆件的弯矩、剪力和轴力。

【例 3-9】 计算图 3-28（a）所示结构各杆的内力。

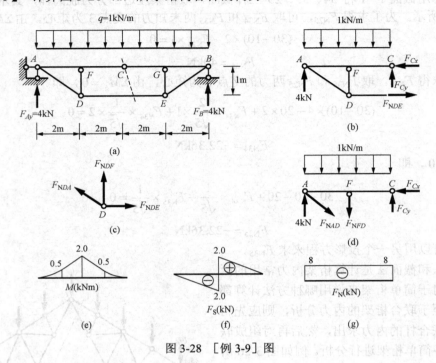

图 3-28 ［例 3-9］图

解 （1）由整体平衡求反力。

$$\Sigma M_A = 0 , \quad F_B = \frac{q \times 8 \times 4}{8} = 4 \text{kN}$$

$$\Sigma F_y = 0 , \quad F_{Ay} = q \times 8 - F_B = 4 \text{kN}$$

（2）求桁杆的内力：切开铰 C 和桁杆 DE，并取左边部分为脱离体作示意图，先求铰 C 和 DE 杆的约束力，如图 3-28（b）所示。

$$\Sigma M_C = 0, \quad F_A \times 4 - q \times 4 \times 2 - F_{NDE} \times 1 = 0, \quad F_{NDE} = 8 \text{kN} （拉）$$

$$\Sigma F_x = 0, \quad F_{Cx} = F_{NDE} = 8 \text{kN}$$

$$\Sigma F_y = 0, \quad F_{Cy} = 0$$

再取结点 D 作示力图，如图 3-28（c）所示。利用汇交力系投影方程即可求得其他两杆的轴力。

$$F_{NDA} = F_{NDE} \times \frac{\sqrt{5}}{2} = 8.94 \text{kN} （拉力）$$

$$F_{NDF} = -F_{NDA} \frac{1}{\sqrt{5}} = -4 \text{kN} （压力）$$

（3）作受弯杆件的内力图。

AC 杆受力如图 3-28（d）所示，可求得

$$M_A = 0, \quad M_F = 4 \times 2 - F_{NDA} \times \frac{1}{\sqrt{5}} \times 2 - \frac{1}{2} \times 2^2 = 2 \text{kNm}, \quad M_C = 0$$

$$F_{SA} = 0, \quad F_{SF} = -2 \times 1 = 2kN, \quad F_{SF} = -2 \times 1 + 4 = 2kN, \quad F_{SC} = 0$$

第 7 节　静定结构的特性

（1）在几何方面，静定结构是没有多余约束的几何不变体系。

（2）在静力学方面，静定结构的全部反力和内力均可由静力平衡条件求得，且解答是唯一的确定值。

（3）由于只用静力平衡条件即可确定静定结构的反力和内力，因此其反力和内力只与荷载及结构的几何形状和尺寸有关，而与结构构件的材料及其截面形状和尺寸无关。

（4）由于静定结构不存在多余约束，因此可能发生的支座位移、温度改变和制造误差等外因仅会引起结构的位移，但不会产生反力和内力。如图 3-29（a）所示三铰刚架，在 B 支座下沉时，整个刚架将随之发生虚线所示的刚体运动，但不产生反力和内力。又如图 3-29（b）所示悬臂梁，当左、右两侧温度变化不同时，梁可自由的伸长和弯曲，但也不会产生反力和内力。

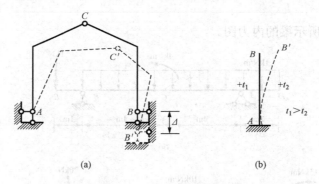

(a)   (b)

图 3-29　支座移动和变温的影响

（5）静定结构在平衡力系作用下，其影响的范围只限于受该力系作用的最小几何不变部分，而不会影响到此范围以外的其他部分。如图 3-30 所示平衡力系作用的桁架，其粗线部分是受平衡力系作用的最小几何不变部分。因此只在粗线所示的杆件中产生内力，而反力和其他杆件的内力都等于零。

（6）静力等效的两个力系分别作用在同一结构上，只会使两力系共同占有的几何不变部分产生不同的内力，而结构中其他部分的受力情况不变。如图 3-31 所示两个力系是静力等效的，它们对梁的影响，仅在 ik 范围内的内力不同，而在 ik 以外范围的内力和反力是相同的。

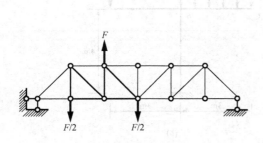

图 3-30　平衡力作用的影响

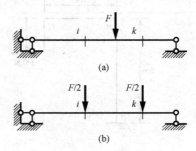

图 3-31　等效力作用的影响

思 考 题

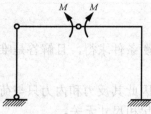

图 3-32 思考题 3-3 图

3-1 结构的基本部分和附属部分是如何划分的？荷载作用在结构的基本部分上时，附属部分是否引起内力？荷载作用在附属部分时，是否所有基本部分都引起内力？

3-2 在荷载作用下刚架的弯矩图在刚结点处有何特征？

3-3 能否不通过计算直接画出图 3-32 所示刚架的弯矩图？

3-4 试说明如何用叠加法作静定结构的弯矩图并由此作剪力图和轴力图？

3-5 试比较各种类型静定结构的结构特点、受力特点及解题方法。

习 题

3-1 作图 3-33 所示梁的内力图。

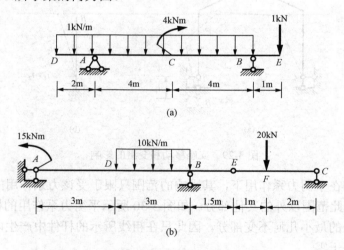

(a)

(b)

图 3-33 习题 3-1 图

3-2 作图 3-34 所示刚架的内力（M、F_S、F_N）图，并校核所得结果。

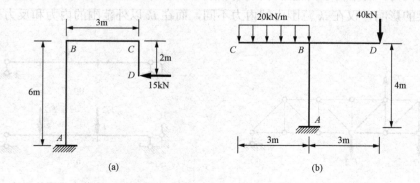

(a)

(b)

图 3-34 习题 3-2 图（一）

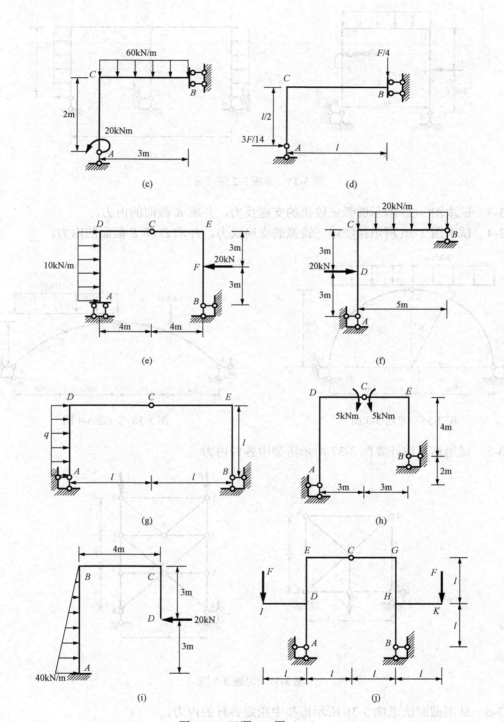

图 3-34 习题 3-2 图（二）

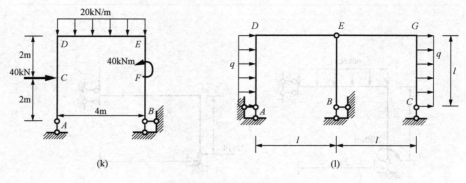

图 3-34   习题 3-2 图（三）

3-3   试求图 3-35 所示圆弧三铰拱的支座反力，并求 K 截面的内力。

3-4   试求图 3-36 所示抛物线三铰拱的支座反力，并求 D 和 E 截面的内力。

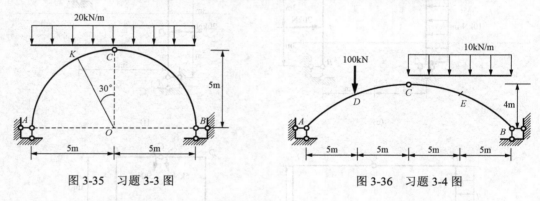

图 3-35   习题 3-3 图   图 3-36   习题 3-4 图

3-5   试用结点法计算图 3-37 所示桁架中各杆内力。

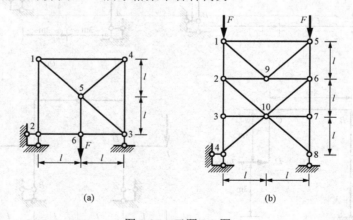

图 3-37   习题 3-5 图

3-6   试用截面法求图 3-38 所示桁架中指定各杆的内力。

3-7   图 3-39 所示组合屋架，受均布荷载 $q = 20\text{kN/m}$ 作用，试求二力杆的轴力，并绘出梁式杆的弯矩图。

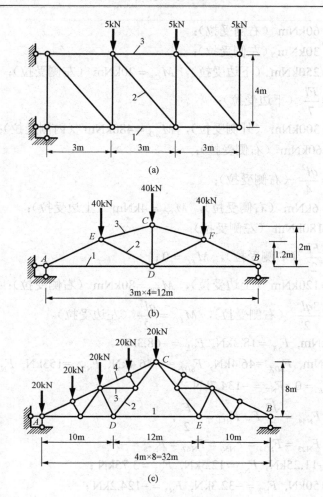

图 3-38 习题 3-6 图

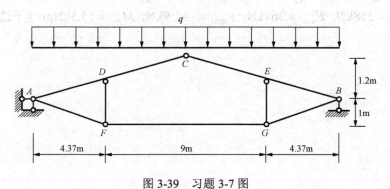

图 3-39 习题 3-7 图

习 题 答 案

3-1 （a）$M_{AD} = -2kNm, M_{CA} = 4.5kNm$;
　　（b）$M_{FC} = 13.33kNm, M_{BE} = 20kNm, M_{DA} = 5kNm$。

3-2　（a）$M_{AB}=60$kNm （右侧受拉）;

　　　（b）$M_{AB}=30$kNm （左侧受拉）;

　　　（c）$M_{BC}=250$kNm （下边受拉）, $M_{CA}=20$kNm （左侧受拉）;

　　　（d）$M_{BC}=\dfrac{Fl}{7}$ （下边受拉）;

　　　（e）$M_{EF}=300$kNm （外侧受拉）, $M_{AD}=480$kNm （内侧受拉）;

　　　（f）$M_{CA}=60$kNm （右侧受拉）;

　　　（g）$M_{DA}=\dfrac{ql^2}{4}$ （右侧受拉）;

　　　（h）$M_{DA}=6$kNm （右侧受拉）, $M_{EC}=4$kNm （上边受拉）;

　　　（i）$M_{AB}=180$kNm （左侧受拉）;

　　　（j）$M_{DA}=\dfrac{Fl}{2}$ （右侧受拉）, $M_{EC}=0$;

　　　（k）$M_{ED}=120$kNm （上边受拉）, $M_{FB}=80$kNm （右侧受拉）;

　　　（l）$M_{DA}=\dfrac{3ql^2}{2}$ （右侧受拉）, $M_{FC}=\dfrac{ql^2}{2}$ （左边受拉）。

3-3　$M_K=-29$kNm, $F_{SK}=18.3$kN, $F_{NK}=-68.3$kN。

3-4　$M_D=125$kNm, $F_{SD左}=46.4$kN, $F_{SD右}=-46.4$kN, $F_{ND左}=153$kN, $F_{ND右}=116.1$kN

　　　$M_E=0$, $F_{SE}=0$, $F_{NE}=-134.7$kN。

3-5　（a）$F_{N51}=F_{N54}=\dfrac{\sqrt{2}}{2}F$, $F_{N14}=-\dfrac{F}{2}$;

　　　（b）$F_{N12}=F_{N23}=F_{N34}=F_{N56}=F_{N67}=F_{N78}=-F$。

3-6　（a）$F_{N1}=-11.25$kN, $F_{N2}=12.5$kN, $F_{N3}=3.75$kN;

　　　（b）$F_{N1}=150$kN, $F_{N2}=-32.3$kN, $F_{N3}=-124.2$kN;

　　　（c）$F_{N1}=50$kN, $F_{N2}=40$kN, $F_{N3}=20$kN, $F_{N4}=-105$kN。

3-7　$F_{NFG}=358$kN, $F_{NAF}=367$kN, $F_{NFD}=-81.9$kN, $M_{DC}=15.5$kNm （下边受拉）。

第4章 静定结构的位移计算

第1节 结构位移计算目的

结构在荷载作用下会产生内力、应力，同时因应力作用使材料产生应变，以致结构发生变形。由于变形，结构上各点的位置将会改变。杆件结构中杆件的横截面除移动外，还将发生转动。这些移动和转动统称为结构的位移。此外，结构在其他因素如温度改变、支座移动等因素作用下也会发生位移。

图 4-1 所示结构在荷载作用下，发生图中虚线所示的变形，此时，C 点移至 C'，即 C 点的线位移为 CC'。若将 CC' 沿水平和竖向分解，则分量 CC'' 和 $C''C'$ 分别称为 C 点的水平和竖向位移。同样截面 C 还转动一个角度 θ_C，这就是截面 C 的角位移。

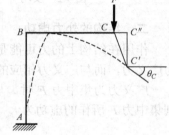

图 4-1 结构的位移

在结构设计中，除了要考虑结构的强度外，还要计算结构的位移以验算其刚度，保证结构在使用过程中不致发生过大的位移。

计算结构位移的另一重要目的是为超静定结构的计算打下基础。在计算超静定结构的反力和内力时，除要利用平衡条件外，还必须考虑结构的位移条件。因此，必须计算结构的位移。

本章研究的是线性变形体系的位移计算。所谓线性变形体系是指位移与荷载成比例的结构体系，荷载对这种体系的影响可以应用叠加原理，而且当荷载全部撤除时，由荷载引起的位移也完全消失。这样的体系，应力和应变的关系符合胡克定律，且变形与位移是微小的，在计算结构的反力和内力时，可认为结构的几何形状和尺寸及荷载的位置和方向保持不变。

第2节 结构的外力虚功与虚应变能

一、虚功的概念

功是用力与力方向的位移的乘积来表示的，例如图 4-2 中力 F_1 推动物块产生位移 Δ，位移 Δ 在力方向的投影（分量）为 Δ_1，则力 F_1 所作的功为 $W_1=F_1\Delta_1$。又如图 4-3（a）所示的结构受 F 作用，同一结构由于其他原因使结构发生位移，如图 4-3（b）所示，引起力 F 作用点沿力 F 作用方向的位移 Δ，则 F 所作的功为

$$W=F\Delta$$

功包含力和位移两个因素，这两个因素之间存在两种不同的情况：一种是位移由作功的力引起的（图 4-2），此时力作的功称为实功；另一种是位移与作功的力无关的其他因素引起的（图 4-3），此时，力作的功称为虚功。这里实与虚只是区分功中的位移与力有关还是无关这一特点。

虚功中作功的力与作功的位移分属同一结构的独立无关的两个状态。为了表达清楚起见，通常将两个状态分别画出。其中力系所属状态称为力状态，位移所属状态称为位移状态，即力状态的力在位移状态的位移上作虚功。

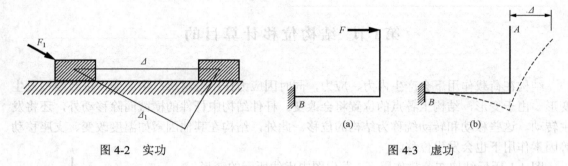

图 4-2　实功　　　　　　　　　　　　　　　　图 4-3　虚功

二、结构的外力虚功

作用在结构上的力可能是集中力、集中力偶、分布力，也可能是一个复杂的力系，统称为广义力，而与广义力相应的位移称为广义位移，即广义力在相应的广义位移上作虚功。

广义力为集中力 F 时，与集中力对应的广义位移是力作用点沿力作用方向的线位移 Δ。则集中力 F 所作的虚功为

$$W = F\Delta$$

广义力为集中力偶 M_e 作用在如图 4-4（a）所示简支梁 A 端时，由于其他原因使简支梁发生如图 4-4（b）中虚线所示的位移时，简支梁 A 端与集中力偶相应的广义位移为 θ，集中力偶作的虚功为

$$W = M_e\theta$$

如图 4-5（a）所示作用在简支梁 ab 段集度为 q 的均布荷载，图 4-5（b）表示由其他原因引起的位移。在 x 截面取微段 $\mathrm{d}x$，作用在微段上的力为 $q\mathrm{d}x$，广义力 $q\mathrm{d}x$ 在相应广义位移 y 上所作的虚功为

$$\mathrm{d}W = yq\mathrm{d}x$$

均布荷载的总的虚功为

$$W = \int_a^b q\mathrm{d}xy = q\int_a^b y\mathrm{d}x = qA^{abcd}$$

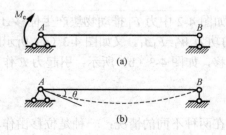

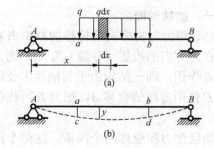

图 4-4　力偶的虚功　　　　　　　　　　　　图 4-5　分布力的虚功

可见，当广义力为均布荷载 q 时，对应广义力 q 作虚功的广义位移为均布荷载线 ab 范围

内在位移过程中所扫过的面积 A^{abcd} 。

　　图 4-6（a）所示一对等量、反向、共线的力 F，在图 4-6（b）所示相应位移上所作的虚功为

$$W = F\Delta' + F\Delta'' = F(\Delta' + \Delta'') = F\Delta$$

可见，广义力为一对等量、反向、共线的力 F 时，广义力 F 作虚功的广义位移是两集中力作用点沿两力作用方向的相对位移。

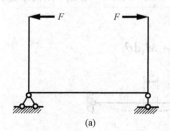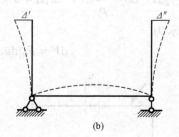

（a）　　　　　　　　　　　　（b）

图 4-6　二集中力的虚功

　　图 4-7（a）所示一对等量、反向、共面的力偶 M_e，在图 4-7（b）所示的广义位移上所作的虚功为

$$W = M_e\theta_A + M_e\theta_B = M_e(\theta_A + \theta_B) = M_e\theta$$

可见，广义力为一对等量、反向、共面的力偶 M_e 时，广义力 M_e 作虚功的广义位移是两力偶作用面、沿两力偶方向的相对角位移。

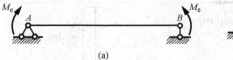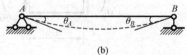

（a）　　　　　　　　　　　　（b）

图 4-7　二力偶的虚功

　　图 4-8（a）所示作用力 F 与支座反力成平衡状态，由于微小的支座移动，如图 4-8（b）所示，由几何关系可知

$$\Delta_F = \frac{a}{l}\Delta$$

则作用力与支座反力组成的力系在上述位移上作的虚功为

$$W = F\Delta_F - F_B\Delta = F\frac{a}{l}\Delta - \frac{a}{l}F\Delta = 0$$

即平衡力系在刚体位移过程中所作的虚功为零。

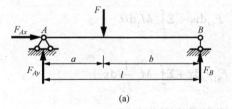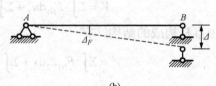

（a）　　　　　　　　　　　　（b）

图 4-8　平衡力系的虚功

三、结构的虚应变能

当结构力状态的外力在结构位移状态的相应位移上作虚功时，力状态的内力也因位移状态的变形而作虚功，这种虚功称为虚应变能，以 V 表示。

对于杆件结构，设力状态 [图 4-9（a）] 中杆件在一微段 dx 的内力分别为 F_{N1}，F_{S1}，M_1 [图 4-9（c）]；而位移状态 [图 4-9（b）] 中杆件对应微段的轴向、剪切和弯曲变形分别为 $du_2 = \varepsilon_2 dx$，$dv_2 = \gamma_2 dx$，$d\theta_2 = \dfrac{1}{\rho_2} dx$，如图 4-9（d）、（e）、（f）所示，略去高阶微量后，微段上的虚应变能可表示为

$$dV = F_{N1}du_2 + F_{S1}dv_2 + M_1 d\theta_2$$

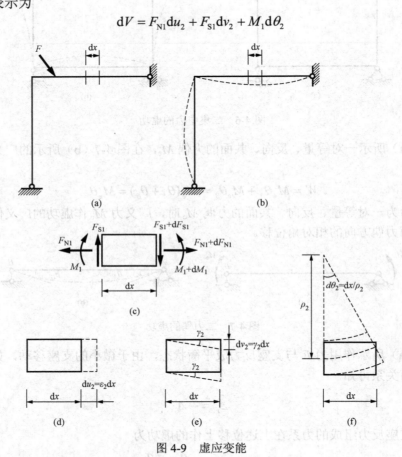

图 4-9 虚应变能

将微段虚应变能沿杆长进行积分，然后对结构的全部杆件进行求和，即杆件结构总的虚应变能为

$$V = \Sigma \int F_{N1}du_2 + \Sigma \int F_{S1}dv_2 + \Sigma \int M_1 d\theta_2$$

对于由直杆构成的结构，有

$$V = \Sigma \int F_{N1}\varepsilon_2 dx + \Sigma \int F_{S1}\gamma_2 dx + \Sigma \int M_1 \frac{1}{\rho_2} dx \qquad (4\text{-}1)$$

式中 ε_2、γ_2、$\dfrac{1}{\rho_2}$ ——分别为微段的正应变、切应变和弯曲曲率。

第 3 节 虚 功 原 理

变形体系的虚功原理可表述为：设变形体系在力系作用下处于平衡状态（力状态），而该体系由于其他原因产生符合约束条件的微小的连续变形（位移状态），则力状态的力在位移状态的位移上所作的虚功 W，恒等于力状态的内力在位移状态的变形上作的虚功，即虚应变能 V。简写为

$$W = V$$

对于杆件结构，虚功原理可表达为

$$W = \Sigma \int F_{N1} \mathrm{d}u_2 + \Sigma \int F_{S1} \mathrm{d}v_2 + \Sigma \int M_1 \mathrm{d}\theta_2$$

对于由直杆构成的杆件结构为

$$W = \Sigma \int F_{N1} \varepsilon_2 \mathrm{d}x + \Sigma \int F_{S1} \gamma_2 \mathrm{d}x + \Sigma \int M_1 \frac{1}{\rho_2} \mathrm{d}x \qquad (4\text{-}2)$$

式（4-2）称为杆件结构的虚功方程。

虚功原理的应用条件是：力状态是平衡的，位移状态是符合约束条件的且是微小的。虚功原理有如下两种用途：

（1）虚设位移状态——可求实际力状态的未知力。这是在实际的力状态与虚设的位移状态之间应用虚功原理，这种形式的应用即为虚位移原理。

（2）虚设力状态——可求实际位移状态的位移。这是在实际的位移状态与虚设的力状态之间应用虚功原理，这种形式的应用即为虚力原理。

第 4 节 单 位 荷 载 法

从虚功原理出发，利用虚功方程［式（4-2）］即可导出计算杆件结构位移的单位荷载法。

图 4-10（a）所示为一杆件结构，受荷载 F_1、F_2 及支座 A 的位移 c_1 和 c_2 等因素作用而发生如图中虚线所示的变形，这一状态称为结构的实际状态。现要求出实际状态中 D 点的水平位移 $\varDelta$，所以应将此实际状态作为结构的位移状态。

为了利用虚功原理求得 D 点的水平位移，选取如图 4-10（b）所示虚设的力状态，即在该结构 D 点处水平方向加上一个单位荷载 $F=1$。这时虚设力状态中 A 处的支座反力为 $\overline{F}_{A1}$ 和 $\overline{F}_{A2}$，B 处的支座反力为 $\overline{F}_B$，结构在单位力和各支座反力作用下保持平衡，其内力用 $\overline{M}, \overline{F}_N, \overline{F}_S$ 来表示。结构的这一受力状态称为虚力状态。则虚力状态的外力（包括支座反力）在位移状态的位移上所作的总虚功为

$$W = 1 \cdot \varDelta + \overline{F}_{A1} c_1 + \overline{F}_{A2} c_2$$

一般可写成

$$W = \varDelta + \Sigma \overline{F}_i c_i$$

以 $\mathrm{d}\theta$，$\mathrm{d}u$，$\mathrm{d}v$ 表示实际状态中微段的变形，则总虚应变能为

$$V = \Sigma \int \overline{M} \mathrm{d}\theta + \Sigma \int \overline{F}_N \mathrm{d}u + \Sigma \int \overline{F}_S \mathrm{d}v$$

由杆件结构的虚功方程［式（4-2）］可得

$$\Delta+\Sigma\overline{F}_i c_i = \Sigma\int \overline{M}\mathrm{d}\theta+\Sigma\int \overline{F}_N\mathrm{d}u+\Sigma\int \overline{F}_S\mathrm{d}v$$

即

$$\Delta=\Sigma\int \overline{M}\mathrm{d}\theta+\Sigma\int \overline{F}_N\mathrm{d}u+\Sigma\int \overline{F}_S\mathrm{d}v-\Sigma\overline{F}_i c_i \qquad (4-3)$$

这种通过虚设单位荷载作用的力状态，利用虚功方程求位移的方法称为单位荷载法。

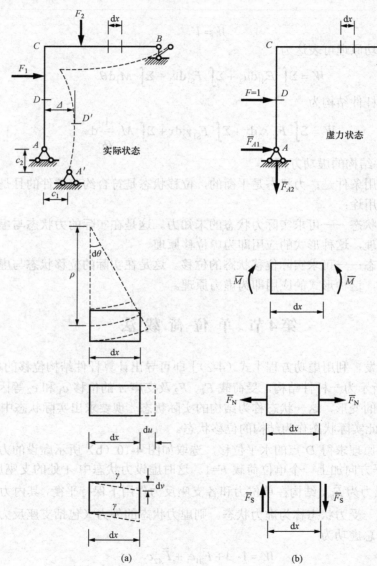

图 4-10　单位荷载法

式（4-3）适用于任何材料制作的杆件结构，因此是杆件结构计算位移的一般公式。

如果结构只受支座位移的影响，则式（4-3）可简化为

$$\Delta=-\Sigma\overline{F}_i c_i \qquad (4-4)$$

式中　c_i——i 支座实际位移；

　　　$\overline{F}_i$——虚力状态下的支座反力，以与 c_i 方向相同为正。

这是因为在静定结构中，支座移动和转动结构并不产生内力和变形，结构只会发生刚体运动，虚力状态在实际状态变形上产生的虚应变能为零。

　　应用单位荷载法，每次只能求一个位移。在计算时，虚设单位荷载的指向可以任意假定，若按式（4-3）计算出来的结果为正，则表示实际位移的方向与虚设单位荷载的方向相同，否则相反。这是因为公式中左边的 Δ，实际上为虚设的单位荷载所作的虚功，若计算结果为负，则表示该项虚功为负，即位移的方向与虚设的单位荷载的方向相反。

　　单位荷载法不仅可用来计算结构的线位移，而且可以用来计算其他性质的位移，只要虚设状态中的单位荷载与所求位移相应即可。现列举以下几种虚设状态。

　　当要求结构某两点 A、B 沿其连线方向的相对线位移时，可在该两点沿其连线加上两个方向相反的单位荷载 [图 4-11（a）、（b）]。

　　当要求梁或刚架某一截面 K 点的角位移时，可在该截面处加上一个力偶 [图 4-11（c）]。

　　但要求桁架中某一杆件 i 的角位移时，则应加上一个由两个集中力构成的单位力偶 [图 4-11（d）]，其中每一个集中力为 $\dfrac{1}{l_i}$，分别作用于该杆的两端并与该杆垂直，这里的 l_i 为杆件 i 的长度。

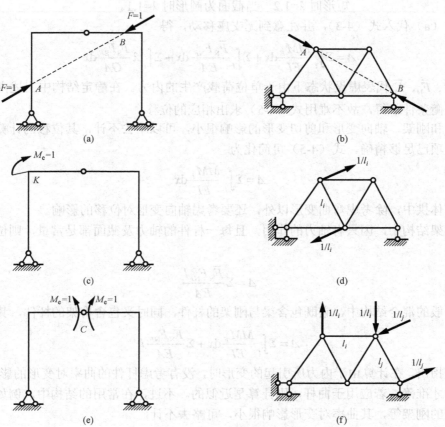

图 4-11　广义位移与单位广义力

当要求梁或刚架上两个截面的相对角位移时,可在这两个截面施加一个单位力偶,图 4-11
(e)所示为求铰 C 处左右两侧截面相对角位移的虚设状态;当要求桁架中两根杆件的相对角
位移时,则应加两个方向相反的单位力偶,如图 4-11(f)所示为求 i, j 两杆相对转角的虚设
状态。

第 5 节　荷载作用下的位移计算

如果结构只受到荷载作用,以 M_F, F_{NF}, F_{SF} 表示结构实际状态的内力,则在实际状态下微
段的变形分别为

$$d\theta = \frac{1}{\rho}dx = \frac{M_F}{EI}dx$$

$$du = \varepsilon dx = \frac{F_{NF}}{EA}dx \tag{a}$$

$$dv = \gamma dx = \lambda \frac{F_{SF}}{GA}dx$$

式中　EI, EA, GA ——分别为杆件弯曲、拉压和剪切刚度;

　　　　　 λ ——截面的切应力分布不均匀系数,它只与截面的形状有关,当截面为
　　　　　　　矩形时 $\lambda=1.2$,当截面为圆形时 $\lambda=1.1$。

将式(a)代入式(4-3),并注意到无支座移动,得

$$\Delta = \Sigma \int_l \frac{\bar{M}M_F}{EI}dx + \Sigma \int_l \frac{\bar{F}_N F_{NF}}{EA}dx + \Sigma \int_l \lambda \frac{\bar{F}_S F_{SF}}{GA}dx \tag{4-5}$$

式中:$\bar{M}$, $\bar{F}_N$, $\bar{F}_S$ 代表虚设状态下由于单位荷载产生的内力。在静定结构中上述内力均可通
过静力平衡条件求得,故不难用式(4-5)求出相应的位移。

对梁和刚架,轴向变形和剪切变形的影响很小,可以略去不计,其位移的计算只考虑弯
曲变形一项已足够精确。式(4-5)可简化为

$$\Delta = \Sigma \int_l \frac{\bar{M}M_F}{EI}dx \tag{4-6}$$

在实体拱中,除考虑弯曲变形以外,还要考虑轴向变形对位移的影响。

在桁架结构中,因只有轴力的作用,且每一杆件的轴力及截面都是常量,则位移计算公
式为

$$\Delta = \Sigma \frac{\bar{F}_N F_{NF} l}{EA} \tag{4-7}$$

在一般的混合结构中,它既包含梁与刚架的杆件,同时又包含桁架的杆件,其公式应为

$$\Delta = \Sigma \int_l \frac{\bar{M}M_F}{EI}dx + \Sigma \frac{\bar{F}_N F_{NF}}{EA}l \tag{4-8}$$

应该指出,在计算由于内力所引起的变形时,没有考虑杆件的曲率对变形的影响,因此,
只有直杆才准确,若应用于曲杆,则计算是近似的。不过,在常用的结构中,例如拱结构或
具有曲杆的刚架等,其曲率对变形影响很小,可略去不计。

【例 4-1】 试求图 4-12(a)所示等截面简支梁中点 C 的竖向位移 Δ_{Cy}。已知 EI=常数。

　　解　在 C 点加一竖向的单位荷载，得虚力状态如图 4-12（b）所示。分别求出实际荷载和单位荷载作用下梁的弯矩。设以 A 为坐标原点，则当 $0 \leqslant x \leqslant \dfrac{l}{2}$ 时，有

$$\bar{M} = \frac{1}{2}x, \qquad M_F = \frac{ql}{2}x - \frac{q}{2}x^2 = \frac{q}{2}(lx - x^2)$$

因为对称，所以由式（4-6）得

$$\Delta_{Cy} = 2\int_0^{\frac{l}{2}} \frac{\bar{M}M_F}{EI}\mathrm{d}x = \frac{2}{EI}\int_0^{\frac{l}{2}}\left(\frac{1}{2}x\right) \times \frac{q}{2}(lx - x^2)\mathrm{d}x = \frac{5ql^4}{384EI}$$

　　【例 4-2】　试求图 4-13（a）所示阶梯形柱 B 点的水平位移 Δ_{BH}。

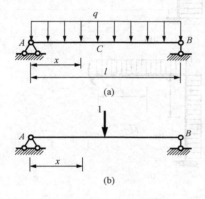

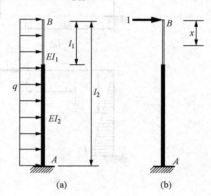

　　　　图 4-12　［例 4-1］图　　　　　　　　　　　　图 4-13　［例 4-2］图

　　解　因所求位移是柱顶的水平位移，所以在 B 点加一水平单位荷载作为虚力状态［图 4-13（b）］。设以 B 为坐标原点，列弯矩方程有

$$\bar{M} = x, \qquad M_F = \frac{q}{2}x^2$$

由于柱上、下两段的弯曲刚度不同，所以将以上弯矩代入式（4-6）求位移时，应分段进行积分，于是得

$$\Delta_{BH} = \int_l \frac{\bar{M}M_F}{EI}\mathrm{d}x = \frac{1}{EI_1}\int_0^{l_1} x \frac{q}{2}x^2\mathrm{d}x + \frac{1}{EI_2}\int_{l_1}^{l_2} x \frac{q}{2}x^2\mathrm{d}x$$

$$= \frac{ql_1^4}{8EI_1} + \frac{q(l_2^4 - l_1^4)}{8EI_2} = \frac{q}{8E}\left(\frac{l_1^4}{I_1} + \frac{l_2^4 - l_1^4}{I_2}\right) \quad (\rightarrow)$$

　　【例 4-3】　试求图 4-14（a）所示刚架 C 端的水平位移 Δ_{CH} 和角位移 θ_C。已知 EI 为常数。

　　解　略去轴向变形和剪切变形的影响，只计算弯曲变形一项，在荷载作用下弯矩如图 4-14（b）所示。

　　（1）求 C 端的水平位移时，在 C 点加一水平单位荷载作为虚力状态，其方向取为向右，如图 4-14（c）所示。两种状态的弯矩以刚架内侧受拉为正，分别为：

横梁 BC：$\bar{M} = 0$，　$M_F = -\dfrac{q}{2}x^2$

立柱 AB：$\bar{M} = x$，　$M_F = -\dfrac{q}{2}l^2$

代入式（4-6），得 C 端的水平位移为

$$\Delta_{CH} = \Sigma \int_l \frac{\bar{M}M_F}{EI} dx = \frac{1}{EI} \int_0^l x \left(-\frac{q}{2}x^2 \right) dx = -\frac{ql^4}{4EI_1} \quad (\rightarrow)$$

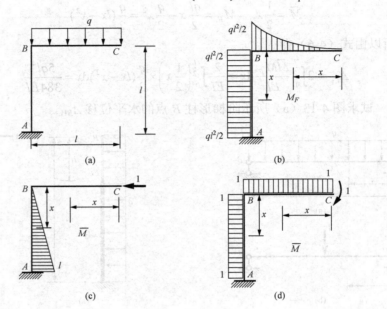

图 4-14 ［例 4-3］图

（2）求 C 端的角位移时，可在 C 点加一单位力偶作为虚力状态，其方向设为顺时针方向，如图 4-14（d）所示。两种状态的弯矩以刚架内侧受拉为正，分别为：

横梁 BC： $\bar{M} = -1$， $M_F = -\frac{q}{2}x^2$

立柱 AB： $\bar{M} = -1$， $M_F = -\frac{q}{2}l^2$

代入式（4-6），得 C 端的角位移为

$$\theta_C = \Sigma \int_l \frac{\bar{M}M_F}{EI} dx = \frac{1}{EI} \int_0^l (-1)\left(-\frac{q}{2}x^2 \right) dx + \frac{1}{EI} \int_0^l (-1)\left(-\frac{ql^2}{2} \right) = \frac{2ql^3}{3EI} \quad (\circlearrowright)$$

计算结果为正表示 C 端角位移的转动方向与虚设力偶的方向相同，即为顺时针方向转动。

【例 4-4】 试求图 4-15（a）所示圆弧形曲杆 B 端的竖向位移 Δ_{BV}。已知 EI、GA、EA 均为常数。曲率的影响忽略不计。

解 在与 OB 成 θ 角的 K 截面上，各内力如图 4-15（b）所示，其值为

$$M_F = Fr\sin\theta, \quad F_{SF} = F\cos\theta,$$
$$F_{NF} = F\sin\theta$$

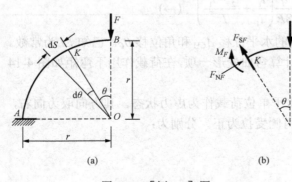

图 4-15 ［例 4-4］图

求 B 端的竖向位移时，虚力状态在 B 点加一竖向单位荷载，因此只需在图 4-15（a）中令 $F=1$ 即可，相应的内力为

$$\overline{M} = r\sin\theta, \quad \overline{F}_S = \cos\theta, \quad \overline{F}_N = \sin\theta$$

利用式（4-5）计算位移时，对于曲杆应令 $\mathrm{d}x=\mathrm{d}s$，由图 4-15（a）可知，$\mathrm{d}s=r\mathrm{d}\theta$，所以有

$$\Delta_{BV} = \int_B^A \frac{\overline{M}M_F}{EI}\mathrm{d}s + \lambda\int_B^A \frac{\overline{F}_S F_F}{GA}\mathrm{d}s + \int_B^A \frac{\overline{F}_N F_{NF}}{EA}\mathrm{d}s$$

$$= \frac{Fr^3}{EI}\int_0^{\frac{\pi}{2}}\sin^2\theta\mathrm{d}\theta + \lambda\frac{Fr}{GA}\int_0^{\frac{\pi}{2}}\cos^2\theta\mathrm{d}\theta + \frac{Fr}{EA}\int_0^{\frac{\pi}{2}}\sin^2\theta\mathrm{d}\theta$$

$$= \frac{\pi}{4}\left(\frac{Fr^3}{EI} + \lambda\frac{Fr}{GA} + \frac{Fr}{EA}\right) \quad (\downarrow)$$

若截面为矩形（$b\times h$），则 $\lambda=1.2$，于是有

$$I = \frac{bh^3}{12} = \frac{1}{12}Ah^2, A = \frac{12I}{h^2}$$

另外，设 $G=0.4E$，于是

$$\Delta_{BV} = \frac{\pi Fr^3}{4EI}\left[1 + \frac{1}{4}\left(\frac{h}{r}\right)^2 + \frac{1}{12}\left(\frac{h}{r}\right)^2\right] = \frac{\pi Fr^3}{4EI}\left[1 + \frac{1}{3}\left(\frac{h}{r}\right)^2\right](\downarrow)$$

截面高度 h 远较 r 小，因此上式方括号中第二项远小于 1，由此可见剪切变形和轴向变形的影响很小，可忽略不计，通常只计算弯曲变形一项的影响。

【例 4-5】 试计算图 4-16（a）所示桁架（与［例 3-7］同）下弦杆结点 5 的竖向位移。设各杆的截面面积 $A=0.12\mathrm{m}\times0.12\mathrm{m}=0.0144\mathrm{m}^2$，$E=850\times10^7\mathrm{Pa}$。

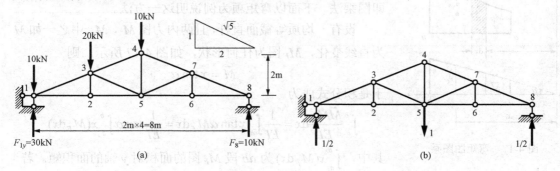

图 4-16　［例 4-5］图

解　虚力状态如图 4-16（b）所示。实际状态和虚力状态所产生的内力均列在表 4-1 中，根据式（4-7）可得结点 5 的竖向位移为

$$\Delta_{5V} = \sum\frac{\overline{F}_N F_N}{EA}l = \frac{(125\sqrt{5}+260)\mathrm{kNm}}{850\times10^4\mathrm{kN/m^2}\times0.0144\mathrm{m}^2} = 0.44\times10^{-2}\mathrm{m}$$

表 4-1　　　　　　　　　　　　　　　　　　　　　　　　　［例 4-5］ 计 算 表

杆　件		l（m）	$\overline{F}_N$	F_{NF}(kN)	$\overline{F}_N F_{NF}l$(kNm)
上弦	1-3	$\sqrt{5}$	$-0.5\sqrt{5}$	$-20\sqrt{5}$	$50\sqrt{5}$
	3-4	$\sqrt{5}$	$-0.5\sqrt{5}$	$-10\sqrt{5}$	$25\sqrt{5}$

杆　　件		l（m）	$\bar{F}_N$	F_{NF}(kN)	$\bar{F}_N F_{NF} l$(kNm)
上弦	4-7	$\sqrt{5}$	$-0.5\sqrt{5}$	$-10\sqrt{5}$	$25\sqrt{5}$
	7-8	$\sqrt{5}$	$-0.5\sqrt{5}$	$-10\sqrt{5}$	$25\sqrt{5}$
下弦	1-2	2	1	40	80
	2-5	2	1	40	80
	5-6	2	1	20	40
	6-8	2	1	20	40
竖杆	2-3	1	0	0	0
	4-5	2	1	10	20
	6-7	1	0	0	0
斜杆	3-5	$\sqrt{5}$	0	$-10\sqrt{5}$	0
	5-7	$\sqrt{5}$	0	0	0
					$\Sigma \bar{F}_N F_{NF} l = 125\sqrt{5} + 260$

第6节　用图乘法计算结构的位移

平面杆件结构在荷载作用下的位移计算中，对于：①均质等截面杆段；②杆轴线为直线；③且实际状态与虚力状态两个内力图之一为直线变化的情况下，可以将结构位移计算的积分方法换成内力图互乘的方法，即图乘法。下面以弯矩项为例说明这一方法。

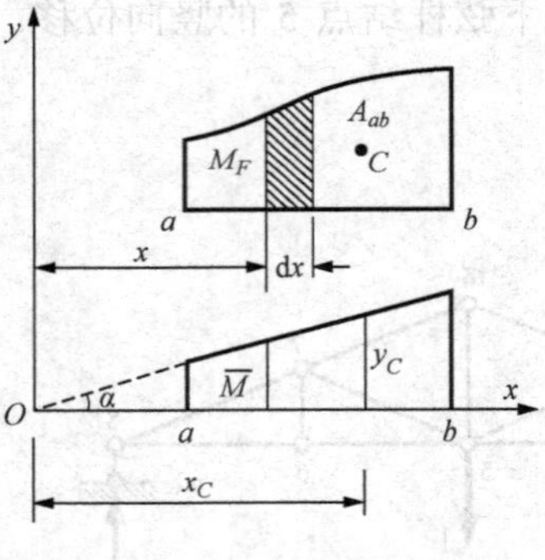

图 4-17　弯矩图图乘

设有一均质等截面直杆，且两内力图 $\bar{M}$，M_F 中之一如 $\bar{M}$ 为直线变化，M_F 图为任何形状，如图 4-17 所示。则

$$\bar{M} = x \tan \alpha$$

于是积分式成为

$$\int_a^b \frac{\bar{M} M_F}{EI} dx = \frac{1}{EI} \int_a^b x \tan \alpha M_F dx = \frac{1}{EI} \tan \alpha \int_a^b x(M_F dx)$$

其中，$\int_a^b x(M_F dx)$ 为 ab 段 M_F 图的面积对 y 轴的面积矩。若将 A_{ab} 代表 M_F 图的面积，用 x_C 代表 M_F 图形心 C 的横坐标，用 y_C 代表 M_F 图形心所对应直线图形的竖标。则上述公式可写为

$$\int_a^b \frac{\bar{M} M_F}{EI} dx = \frac{1}{EI} \tan \alpha \int_a^b x(M_F dx) = \frac{1}{EI} \tan \alpha A_{ab} x_C = \frac{1}{EI} A_{ab} y_C$$

由此可见，当上述三个条件同时满足时，积分 $\int_a^b \frac{\bar{M} M_F}{EI} dx$ 的结果就等于 M_F（任何形状图形）的面积乘以其形心对应的 $\bar{M}$ 图（直线图形）的竖标 y_C，再除以 EI。所得结果以 A_{ab} 与 y_C 在基线的同一侧时，则乘积 $A_{ab} y_C$ 为正，否则为负。

图 4-18 给出了位移计算中几种常见图形的面积和形心的位置。在应用抛物线图形的公式时，要注意抛物线的顶点处的切线必须与基线平行。

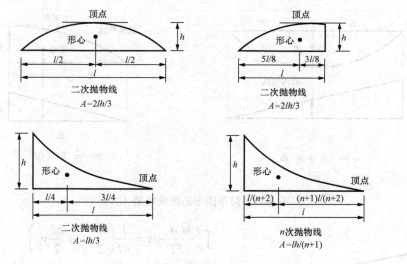

图 4-18 常见图形的面积和形心

图 4-19 给出了几种简单图形相乘的结果。图乘时，对于比较复杂的图形其形心位置和面积不便于计算时，可将图形分解成几个容易确定形心位置和面积的部分，并将这些部分与另一图形分别相乘，然后再将所得结果相加，即得两图相乘之值。

如图 4-20 所示的两个梯形相乘时，不必去找梯形的形心，而将其中一个梯形分解成为两个三角形，其形心位置就好找了。将两个三角形分别与另一个图相乘，再将所得结果相加后除以 EI 即得所求位移，即

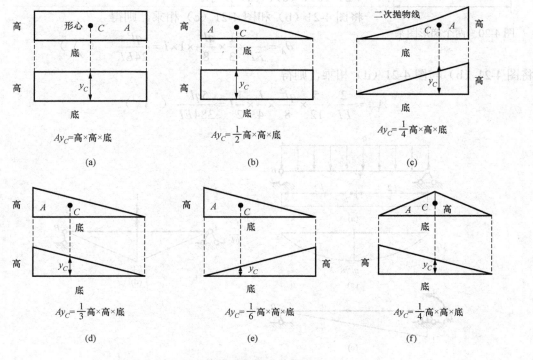

图 4-19 简单图形的图乘结果（一）

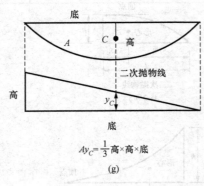
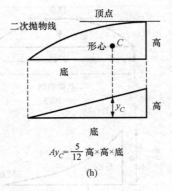

$$Ay_C = \frac{1}{3} \text{高} \times \text{高} \times \text{底}$$

(g)

$$Ay_C = \frac{5}{12} \text{高} \times \text{高} \times \text{底}$$

(h)

图 4-19　简单图形的图乘结果（二）

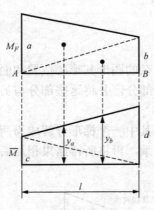

图 4-20　两个梯形图乘

$$\int_A^B \frac{\bar{M} M_F}{EI} dx = \frac{1}{EI}\left(\frac{al}{2} y_a + \frac{bl}{2} y_b\right)$$

$$= \frac{1}{EI}\left[\frac{al}{2}\left(\frac{2}{3}c + \frac{1}{3}d\right) + \frac{bl}{2}\left(\frac{1}{3}c + \frac{2}{3}d\right)\right]$$

$$= \frac{1}{EI}\left[\left(\frac{1}{3}acl + \frac{1}{6}adl\right) + \left(\frac{1}{3}bdl + \frac{1}{6}bcl\right)\right]$$

【例 4-6】　试用图乘法求图 4-21（a）所示简支梁 A 端的角位移 θ_A 和中点 C 的竖向位移 Δ_{CV}。EI 为常数。

解　荷载作用下的弯矩图和两个单位力的弯矩图分别如图 4-21（b）、（c）、（d）所示。

将图 4-21（b）和图 4-21（c）相乘，则得

$$\theta_A = \frac{1}{EI} \times \frac{1}{3} \times \frac{ql^2}{8} \times 1 \times l = \frac{ql^3}{24EI} \quad (\;\curvearrowright\;)$$

将图 4-21（b）与图 4-21（d）相乘，则得

$$\Delta_{CV} = \frac{2}{EI} \times \frac{5}{12} \times \frac{ql^2}{8} \times \frac{l}{4} \times \frac{1}{2}l = \frac{5ql^4}{384EI} \quad (\;\downarrow\;)$$

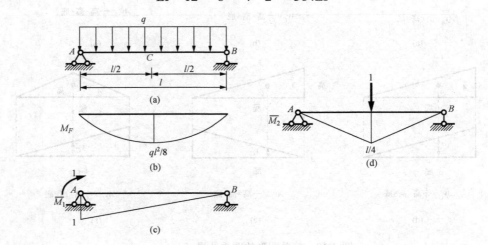

图 4-21　[例 4-6]图

【例 4-7】 试求图 4-22（a）所示刚架 C 的水平位移 Δ_{CH}。EI 为常数。

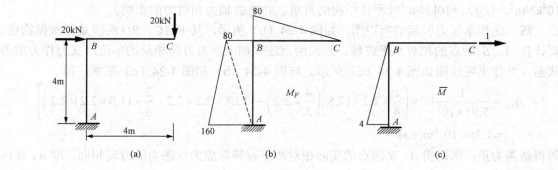

图 4-22　[例 4-7] 图

解　分别作出荷载和单位力的弯矩图，如图 4-22（b）、（c）所示。因为单位力的弯矩图中的 BC 段没有弯矩，故只需在 AB 段进行图乘。在 AB 段，由于两个弯矩图都是直线，为方便起见，可取较简单的图形计算面积，而在另一图上取相应的竖标，则

$$\Delta_{CH} = \frac{1}{EI}\left[\left(\frac{1}{3}\times 160\times 4\times 4\right)+\left(\frac{1}{6}\times 80\times 4\times 4\right)\right]=\frac{1067kNm^2}{EI}(\rightarrow)$$

【例 4-8】 试求图 4-23（a）所示外伸梁 A 端的角位移 θ_A 和 C 端的竖向位移 Δ_{CV}。$EI=5\times 10^4 kNm^2$。

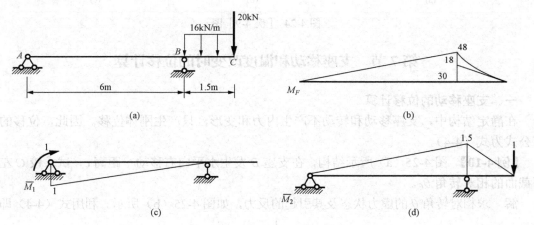

图 4-23　[例 4-8] 图

解　分别作出荷载和两个单位力的弯矩图，如图 4-23（b）、（c）、（d）所示。将图 4-23（b）和图 4-23（c）相乘，则得

$$\theta_A = -\frac{1}{5\times 10^4}\times \frac{1}{6}\times 48\times 1\times 6 = -9.6\times 10^{-4}rad\ (\curvearrowright)$$

为了计算 Δ_{CV}，需将图 4-23（b）和图 4-23（d）相乘。AC 段两个三角形图乘；BC 段由于荷载作用的弯矩图是由集中力和均布力两部分引起的，可以将图形分解成一个二次抛物线和一个三角形，这样它们分别与图 4-23（d）相应的三角形图乘即可，有

$$\Delta_{CV} = \frac{1}{5\times 10^4}\left(\frac{1}{3}\times 48\times 1.5\times 6+\frac{1}{3}\times 30\times 1.5\times 1.5+\frac{1}{4}\times 18\times 1.5\times 1.5\right)=3.5\times 10^{-3}m\ (\downarrow)$$

【例 4-9】 试求图 4-24（a）所示渡槽 A、B 两点之间的相对水平位移 Δ_{AB}。已知 $EI=5.91\times$ 10^4kNm^2、$(\rho g)_\text{水}=10\text{kN/m}^3$（不计结构的自重，并略去轴力和剪力的影响）。

解 先作水压力引起的弯矩图，如图 4-24（b）所示，其中 AC、BD 两段是三次抛物线。要计算 A、B 两点的相对水平位移，须沿两点连线加上一对方向相反的单位广义力作为虚力状态，并作出弯矩图如图 4-24（c）所示。将图 4-24（b）和图 4-24（c）图乘，得

$$\Delta_{AB} = \frac{1}{5.91\times 10^4}\left[2\times\left(\frac{1}{4}\times 2.2\times 17.8\right)\left(\frac{4}{5}\times 2.2\right)+\left(17.8\times 2.2\times 2.2-\frac{2}{3}\times 11.0\times 2.2\times 2.2\right)\right]$$

$$= 1.36\times 10^{-3}\text{m}(\leftrightarrow)$$

所得结果为正，则说明 A、B 两点的实际相对水平位移与虚力状态力的方向相同，即 A、B 两点是相对分开的。

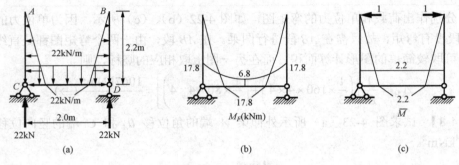

图 4-24 ［例 4-9］图

第 7 节　支座移动和温度改变时的位移计算

一、支座移动的位移计算

在静定结构中，支座移动和转动不产生内力和变形，只产生刚体位移。因此，位移的计算公式为式（4-4）。

【例 4-10】 图 4-25（a）所示结构，在支座 B 发生水平向右移动一距离 c，试求铰 C 左右两截面的相对转角 θ_C。

解 求相对转角 θ 的虚力状态及其引起的反力，如图 4-25（b）所示。利用式（4-4）即得

$$\theta = -\left(\frac{1}{h}\times c\right) = -\frac{c}{h}$$

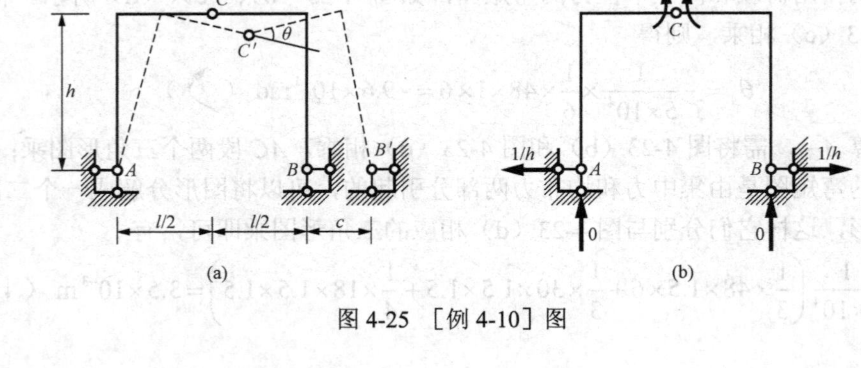

图 4-25 ［例 4-10］图

负号说明 C 铰左右两截面相对转角的实际方向与虚设单位广义力的方向相反。

二、温度改变引起位移的计算

结构由于温度改变会引起材料的膨胀和收缩，因而引起结构的位移。结构由于温度的改变引起的位移，仍可由位移一般公式［式（4-3）］计算，下面先讨论由于温度改变而引起微段的变形。

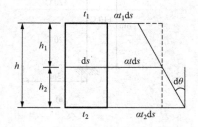

图 4-26　杆截面变温

设杆件上方温度升高 t_1、下方温度升高 t_2，如图 4-26 所示，并假设温度沿截面高度按直线规律变化，则在发生变形后，截面仍保持为平面。又设 h_1、h_2 为杆轴线到杆顶、底的距离，则杆轴线处的温度改变值为

$$t = t_1 + (t_2 - t_1)\frac{h_1}{h_1 + h_2} = \frac{h_1 t_2 + h_2 t_1}{h_1 + h_2} = \frac{h_1 t_2 + h_2 t_1}{h}$$

若 $h_1 = h_2 = h/2$，那么

$$t = \frac{t_1 + t_2}{2}$$

式中　t——平均温度改变值。

α 为材料的线膨胀系数（1/℃），微段 ds 由于温度改变产生的变形为

$$du = \varepsilon ds = \alpha t ds$$

$$d\theta = \frac{1}{\rho}ds = \frac{\alpha t_2 ds - \alpha t_1 ds}{h} = \frac{\alpha(t_2 - t_1)}{h}ds = \frac{\alpha t'}{h}ds$$

$$dv = \gamma ds = 0 \quad (温度改变不引起切应变)$$

将以上由于温度改变产生的变形代入式（4-3），即得温度改变下位移的计算公式为

$$\Delta = \Sigma \int \bar{M}\frac{\alpha t'}{h}ds + \Sigma \int \bar{F}_N \alpha t ds$$

如果结构中每一杆件沿其全长的温度变化 t 相同，且截面高度 h 不变，则上式又变为

$$\Delta = \Sigma \frac{\alpha t'}{h}\int \bar{M}ds + \Sigma \alpha t \int \bar{F}_N ds = \Sigma \frac{\alpha t'}{h}A_{\bar{M}} + \Sigma \alpha t A_{\bar{F}_N} \tag{4-9}$$

式中　$A_{\bar{M}}$——单位广义力作用下弯矩 $\bar{M}$ 图的面积；

$A_{\bar{F}_N}$——单位广义力作用下轴力 $\bar{F}_N$ 图的面积。

在应用式（4-9）时，温度改变以升温为正，降温为负；轴力以拉为正，压为负；弯矩受拉面的温度为 t_2，受压面的温度为 t_1。

必须指出，在计算温度改变引起的位移时，轴向变形的影响不能忽略。

【例 4-11】 悬臂刚架如图 4-27（a）所示，外侧升温 10℃，内侧升温 20℃。求悬端 C 的竖向位移 Δ_{CV}。已知：$h = 0.2\text{m}$，$\alpha = 120 \times 10^{-7}/℃$。

解　建立虚力状态如图 4-27（b）所示，并作弯矩图及轴力图，如图 4-27（c）、（d）所示。

杆 AB：$t_2 = 10℃$，$t_1 = 20℃$，则 $t = \frac{10+20}{2} = 15℃$，$t' = 10 - 20 = -10℃$

$$A_{\bar{M}} = 3 \times 4 = 12\text{m}^2, \quad A_{\bar{F}_N} = -1 \times 4 = -4\text{m}$$

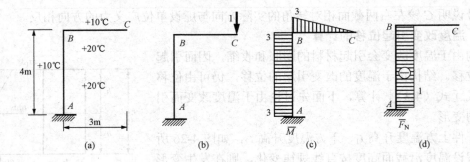

图 4-27 ［例 4-11］图

杆 BC：$t_2 = 10°C$，$t_1 = 20°C$，则 $t = \dfrac{10+20}{2} = 15°C$，$t' = 10 - 20 = -10°C$

$$A_{\bar{M}} = \frac{1}{2} \times 3 \times 3 = 4.5 \text{m}^2, \ A_{\bar{F}_N} = 0$$

于是，由式（4-9）可得

$$\Delta = \Sigma \frac{\alpha t'}{h} A_{\bar{M}} + \Sigma \alpha t A_{\bar{F}_N} = \frac{\alpha \times (-10)}{0.2} \times 12 + 15 \times (-4)\alpha + \frac{(-10)\alpha}{0.2} \times 4.5 = -0.0106 \text{m}$$

负号表示实际位移方向与假设的单位力方向相反。

第 8 节 互 等 定 理

以虚功互等定理为主的线性变形体系互等定理，对于超静定问题的计算非常重要。

一、虚功互等定理

图 4-28 所示为同一结构分别受外力 F_1 和 F_2 作用的两种状态。设以 M_1, F_{S1}, F_{N1} 代表 F_1 产生的内力，以 M_2, F_{S2}, F_{N2} 代表 F_2 产生的内力；设 W_{12} 表示第一状态的外力在第二状态的位移上作的外力虚功，则根据虚功原理有

$$W_{12} = \Sigma \int M_1 \mathrm{d}\theta_2 + \Sigma \int F_{N1} \mathrm{d}u_2 + \Sigma \int F_{S1} \mathrm{d}v_2$$

$$= \Sigma \int \frac{M_1 M_2}{EI} \mathrm{d}x + \Sigma \int \frac{F_{N1} F_{N2}}{EA} \mathrm{d}x + \Sigma \int \lambda \frac{F_{S1} F_{S2}}{GA} \mathrm{d}x$$

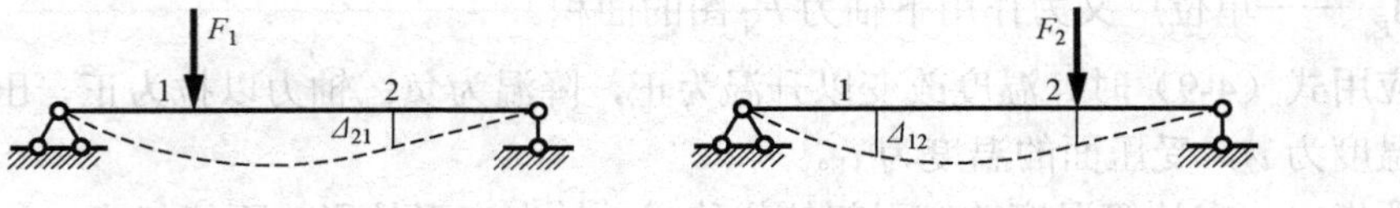

图 4-28 虚功互等

若设 W_{21} 表示第二状态的外力在第一状态的位移上作的外力虚功，则根据虚功原理有

$$W_{21} = \Sigma \int M_2 \mathrm{d}\theta_1 + \Sigma \int F_{N2} \mathrm{d}u_1 + \Sigma \int F_{S2} \mathrm{d}v_1$$

$$= \Sigma \int \frac{M_2 M_1}{EI} \mathrm{d}x + \Sigma \int \frac{F_{N2} F_{N1}}{EA} \mathrm{d}x + \Sigma \int \lambda \frac{F_{S2} F_{S1}}{GA} \mathrm{d}x$$

比较以上两式有

$$W_{12}=W_{21}$$

或写为

$$F_1\Delta_{12}=F_2\Delta_{21} \qquad (4\text{-}10)$$

式中 Δ_{12}，Δ_{21}——F_1 和 F_2 相应的位移。

式（4-10）所表示的就是虚功互等定理，即第一状态的外力在第二状态相应的位移上所作的虚功，等于第二状态的外力在第一状态相应的位移上所作的虚功。虚功互等定理适用于任何类型的弹性结构。

二、位移互等定理

应用上述的虚功互等定理，下面来研究一种特殊情况，当结构只承受单位力 $F_1=F_2=1$ 时，设用 δ_{12} 及 δ_{21} 代表单位力 F_1 及 F_2 相应的位移，则由虚功互等定理得

$$F_1\delta_{12}=F_2\delta_{21}$$

因 $F_1=F_2=1$，所以

$$\delta_{12}=\delta_{21} \qquad (4\text{-}11)$$

这就是位移互等定理，即第一个单位力 F_1 引起的与第二个单位力 F_2 相应的位移，等于第二个单位力 F_2 引起的与第一个单位力 F_1 相应的位移。

应该指出，这里的单位力 F_1 及 F_2 是广义力，而 δ_{12} 及 δ_{21} 则是相应的广义位移。图 4-29 和图 4-30 所示为两个位移互等定理应用的两个例子。图 4-29 表示两个角位移互等的情况；图 4-30 表示线位移与角位移互等的情况。

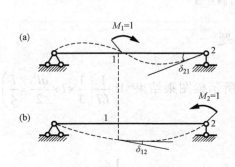

图 4-29 角位移互等

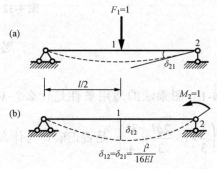

图 4-30 线位移与角位移互等

三、反力互等定理

这一定理也是虚功互等定理的特殊情况，它用来说明超静定结构在两个支座分别产生单位位移时，这两种状态中反力的互等关系。

图 4-31 所示为两个支座分别发生单位位移的两种状态。其中图 4-31（a）表示支座 1 发生单位位移 $\Delta_1=1$ 时，支座 2 产生的反力为 r_{21}；图 4-31（b）则表示支座 2 发生单位位移 $\Delta_2=1$ 时，支座 1 产生的反力 r_{12}。其他支座的反力未在图中一一绘出，由于它们所对应的另一种状态相应的位移等于零，因而不作虚功。根据虚功互等定理同样可以证明。

$$r_{12}=r_{21} \qquad (4\text{-}12)$$

式（4-12）就是反力互等定理，即支座 1 由于支座 2 的单位位移所引起的反力 r_{12}，等于支座 2 由于支座 1 的单位位移所引起的反力 r_{21}。但应注意，在两种状态中，同一约束的反力和位移是相应的。

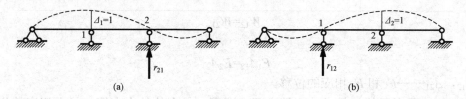

图 4-31   反力互等

同样，由于位移是广义位移，所以反力也是广义反力。图 4-32 表示反力互等的另一例子，应用上述定理可知，反力 r_{12} 和反力 r_{21} 在数值上具有互等的关系，而且量纲也相同。

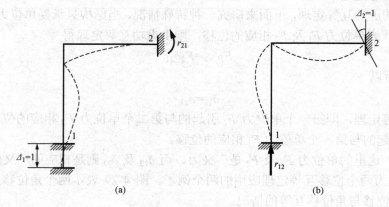

图 4-32   反力与反力偶互等

思 考 题

4-1   图乘法的适用条件是什么？对图 4-33 所示梁图乘结果 $1: \dfrac{1}{EI}\left(\dfrac{1}{3} \times l \times \dfrac{ql^2}{2} \times \dfrac{l}{4}\right)$；

$2: \dfrac{1}{EI}\left(\dfrac{1}{3} \times l \times \dfrac{2ql}{3} \times \dfrac{3l}{4}\right)$ 是否正确？为什么？

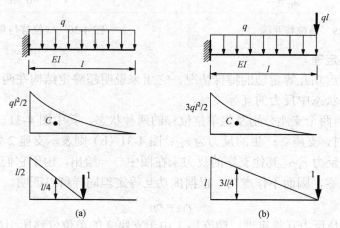

图 4-33   思考题 4-1 图

4-2   用单位荷载法求图 4-34 所示斜简支梁 C 的竖向位移和垂直于轴线方向的线位移时，

应如何分别选取虚设的状态？

4-3 在图 4-35 所示梁中，为什么 δ_{12} 和 δ_{21} 两个不同的量（转角和线位移）其数值、量纲和单位都相同呢？

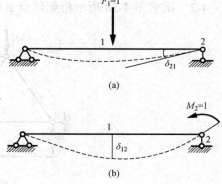

(a)

(b)

图 4-35 思考题 4-3 图

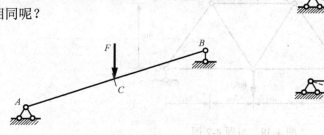

图 4-34 思考题 4-2 图

4-4 试利用虚功的互等定理证明图 4-36（a）所示状态因支座 1 转动在 2 处产生的竖向位移 δ_{21}，等于图 4-36（b）所示状态在支座 1 处的反力偶 r_{12}。

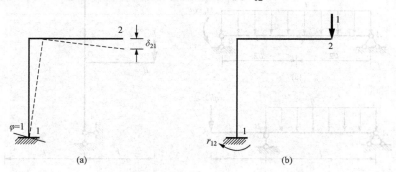

(a)   (b)

图 4-36 思考题 4-4 题

习 题

4-1 试求图 4-37 所示结构 B 点的水平位移。

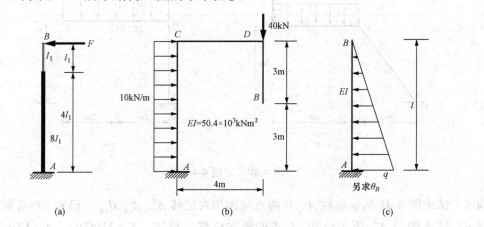

(a)   (b)   (c)

图 4-37 习题 4-1 图

4-2 试求图 4-38 所示桁架结点 B 的竖向位移，已知桁架各杆的 $EA=21\times10^4$ kN。

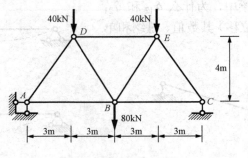

图 4-38 习题 4-2 图

4-3 试用图乘法求图 4-39 所示结构中 B 处的转角和 C 处的竖向位移。已知：$EI=$ 常数。

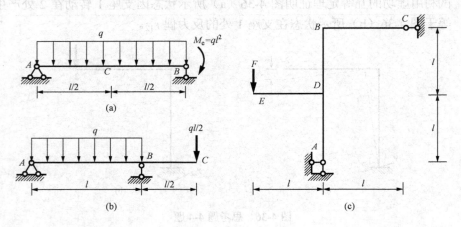

题 4-39 习题 4-3 图

4-4 试求图 4-40 所示结构 C 点的竖向位移。

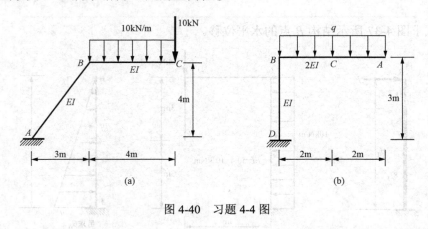

图 4-40 习题 4-4 图

4-5 试求图 4-41 所示结构 A、B 两点间的相对位移 $\Delta_{AB}^{V}, \Delta_{AB}^{H}, \theta_{AB}$。已知 $EI=$ 常数。

4-6 试求图 4-42 所示结构 A 点的竖向位移。已知：$E=210$GPa，$A=12\times10^{-4}$m²，$I=36\times10^{-6}$m⁴。

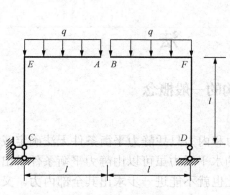

图 4-41　习题 4-5 图

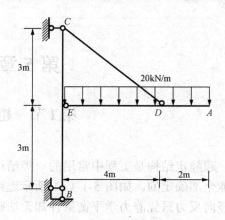

图 4-42　习题 4-6 图

习 题 答 案

4-1　（a）$\Delta_{BH} = \dfrac{11Fl_1^3}{2EI_1}(\leftarrow)$；

　　（b）$\Delta_{BH} = 8.33\text{mm}(\leftarrow)$；

　　（c）$\Delta_{BH} = \dfrac{ql^4}{30EI}(\leftarrow), \theta_B = \dfrac{ql^3}{24EI}$（↷）。

4-2　$\Delta_{BV} = 7.68\text{mm}(\downarrow)$。

4-3　（a）$\theta_B = \dfrac{ql^3}{3EI}$（↷），$\Delta_{CV} = \dfrac{ql^4}{24EI}(\uparrow)$；

　　（b）$\theta_B = \dfrac{ql^3}{24EI}$（↷），$\Delta_{CV} = \dfrac{ql^4}{24EI}(\downarrow)$；

　　（c）$\Delta_{BH} = \dfrac{Fl^3}{12EI}(\downarrow), \theta_B = \dfrac{Fl^2}{12EI}$（↷）。

4-4　（a）$\Delta_{CV} = \dfrac{18250\text{kNm}^3}{3EI}(\downarrow)$；

　　（b）$\Delta_{CV} = \dfrac{53.67q}{EI}(\downarrow), \Delta_{AV} = \dfrac{112q}{EI}(\downarrow)$。

4-5　$\Delta_{AB}^{V} = 0, \Delta_{AB}^{H} = \dfrac{3ql^4}{2EI}(\rightarrow\leftarrow), \theta_{AB} = \dfrac{7ql^3}{3EI}$（↷↶）。

4-6　$\Delta_{AV} = 48.4\text{mm}(\downarrow)$。

第5章 力 法

第1节 超静定结构的一般概念

超静定结构是工程中常用的一类结构，其反力和内力只凭静力平衡条件无法确定或者是不能全部确定的。如图 5-1（a）所示连续梁，它的水平反力虽可以由静力平衡条件求出，但其竖向反力只凭静力学平衡条件却无法确定，因此也就不能进一步求出其全部内力。又如图 5-1（b）所示加劲梁，虽然它的反力可由静力平衡条件求得，但却不能确定杆件的内力。因此，这两个结构都是超静定结构。

分析这两个结构的几何组成，可知它们都具有多余约束。超静定结构中多余约束的个数称为超静定次数，多余约束中的约束力称为多余约束力。如图 5-1（a）所示连续梁，可认为 B 支座链杆是多余约束，其多余约束力为 F_B [图 5-1（c）]。又如图 5-1（b）所示加劲梁，可认为其中 BD 杆是多余约束，其约束力为该杆的轴力 F_N [图 5-1（d）]。超静定结构去掉多余约束后就成为静定结构。

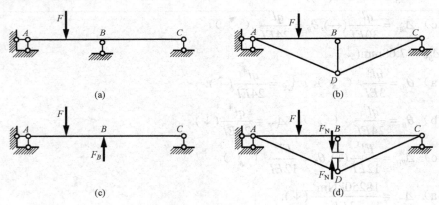

图 5-1 超静定结构

常见的超静定结构类型有：超静定梁 [图 5-2（a）]，超静定刚架 [图 5-2（b）]，超静定桁架 [图 5-2（c）]，超静定拱 [图 5-2（d）]，超静定组合结构 [图 5-2（e）] 和超静定铰接

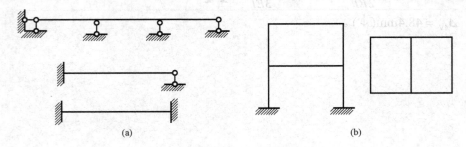

图 5-2 超静定结构的分类（一）

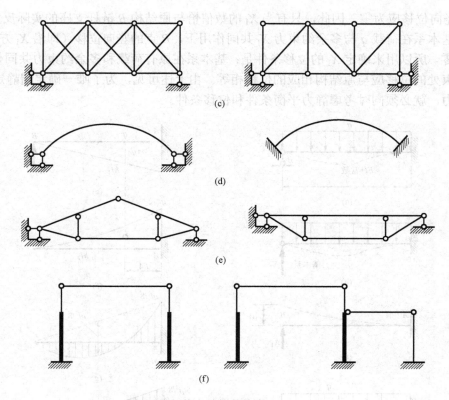

图 5-2　超静定结构的分类（二）

排架［图 5-2（f）］等。超静定结构最基本的计算方法有两种，即力法和位移法，此外还有各种派生出来的方法，如力矩分配法就是由位移法派生出来的。这些计算方法将在本章和第 6 章中分别介绍。

第 2 节　力法的基本原理

超静定结构具有多余约束，若将多余约束去掉就成为静定结构，而静定结构的内力和位移都可以算出。因此把超静定结构转化为静定结构来计算，就成为分析超静定结构的一种途径。这就是力法的基本思路。

设有图 5-3（a）所示一端固定，另一端铰支的梁，它是具有一个多余约束的超静定结构，如果以右支座链杆作为多余约束，在去掉该约束后，得到一个静定结构，则该静定结构称为力法的基本结构。在基本结构上，若以多余约束力 X_1 代替多余约束的作用，得到图 5-3（b）所示同时受荷载 q 和多余约束力 X_1 作用的体系，该体系称为力法的基本体系，简称基本系。显然，基本系与原结构所满足的平衡条件完全相同。作用在基本系上的荷载 q 是已知的，而多余约束力 X_1 是未知的。因此只要能设法先求出 X_1，则原结构的计算问题可在静定的基本结构上来解决。显然，如果单从平衡条件来考虑，则 X_1 可取任何数值，基本系都可以维持平衡，但相应的反力、内力和位移会有不同的数值，因而 B 点就可能发生大小和方向各不相同的竖向位移。为了确定 X_1 就必须考虑位移条件。注意到原结构支座 B 处有竖向链杆支座的约束，

B 点的竖向位移应为零。因此,只有当 X_1 的数值恰与原结构 B 链杆支座的实际反力相等时,才能使基本系在荷载 q 与多余约束力 X_1 共同作用下,B 点的竖向位移(即沿 X_1 方向的位移)Δ_1 等于零。所以用来确定 X_1 的位移条件是:基本系在原有荷载和多余约束力共同作用下,在去掉约束处的位移应与原结构相应的位移相等。由上述可见,为了唯一确定超静定结构的反力和内力,就必须同时考虑静力平衡条件和位移条件。

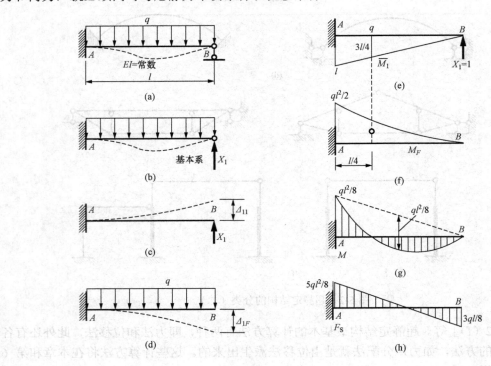

图 5-3 力法

若令 Δ_{11} 及 Δ_{1F} 分别表示多余约束力 X_1 及荷载 q 单独作用时,基本结构在 B 点沿 X_1 方向的位移 [图 5-3(c)、(d)],其符号都以沿 X_1 方向为正。根据叠加原理及 $\Delta_1 = 0$,有

$$\Delta_1 + \Delta_{1F} = 0$$

再令 δ_{11} 为单位力 $X_1 = 1$ 时,B 点沿 X_1 方向产生的位移,则 $\Delta_{11} = \delta_{11}X_1$,于是上式可写成

$$\delta_{11}X_1 + \Delta_{1F} = 0 \tag{5-1}$$

由于 δ_{11} 和 Δ_{1F} 都是静定的基本结构在已知外力作用下的位移,均可按本书第 4 章所述方法求得,于是多余约束力即可由式(5-1)确定。若采用图乘法计算 δ_{11} 及 Δ_{1F}。先分别绘出 $X_1 = 1$ 和荷载 q 作用在基本结构上的弯矩图 $\overline{M}_1$ [图 5-3(e)] 和 M_F [图 5-3(f)],然后求得

$$\delta_{11} = \frac{1}{EI}\left(\frac{1}{3} \times l \times l \times l\right) = \frac{l^3}{3EI}$$

$$\Delta_{1F} = -\frac{1}{EI}\left(\frac{1}{4} \times l \times \frac{ql^2}{2} \times l\right) = -\frac{ql^4}{8EI}$$

则由式(5-1)有

$$X_1 = -\frac{\Delta_{1F}}{\delta_{11}} = \frac{ql^4}{8EI} \times \frac{3EI}{l^3} = \frac{3ql}{8}$$

多余约束力 X_1 求得后，就与计算悬臂梁一样，完全可用静力学平衡条件来确定其反力和内力。

$$M_A = X_1 l - \frac{ql^2}{2} = \frac{3ql^2}{8} - \frac{ql^2}{2} = -\frac{ql^2}{8}$$

最后弯矩图和剪力图如图 5-3（g）、（h）所示。

以上所述计算超静定结构的方法称为力法。它的基本特点就是以多余约束力作为基本未知量，并根据基本系上相应的位移条件将多余约束力首先求出，以后的计算与静定结构无异。力法可用来分析各种类型的超静定结构。

第 3 节 力法的典型方程

由上节所述基本概念不难理解，在用力法计算超静定结构时，首先应确定超静定次数。超静定结构上多余约束的个数即为超静定次数，所以确定超静定次数，常采用解除多余约束法：去掉结构的多余约束，使原结构成为一个几何不变、无多余约束的静定结构，则所去掉的约束总数即为结构的超静定次数。下面以具体实例加以说明。

图 5-4（a）所示结构，如果将链杆 CD 切断 [图 5-4（b）]，则原结构成为几何不变的静定结构，因为一根链杆相当于一个约束，所以该结构是具有一个多余约束的一次超静定结构。

去掉多余约束使超静定结构成为几何不变的静定结构，可以有不同的方式。例如图 5-5（a）所示单跨梁，可以将 B 支座的链杆去掉成为悬臂梁 [图 5-5（b）]，也可以将原结构固定端 A 的转动约束去掉，使之成为固定铰支座，得到图 5-5（c）所示简支梁，此时与所去掉约束相对应的多余约束力是 A 端的弯矩。对于同一个超静定结构，由于去掉多余约束的方式不同，因而得到的基本结构也不同，但所去掉多余约束的数目应该是一样的。

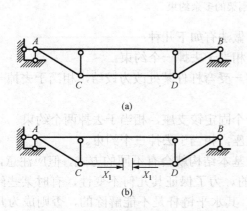

图 5-4 超静定组合结构的多余约束

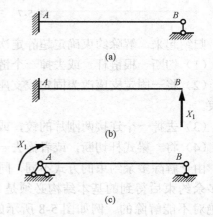

图 5-5 超静定梁的多余约束

图 5-6（a）所示刚架，可将 A、B 两固定支座改成为固定铰支座，得到图 5-6（b）所示三铰刚架，所以是两次超静定的。也可以去掉中间铰 C，得到如图 5-6（c）所示的静定结构。所以去掉一个连结两刚片的单铰，相当于去掉两个约束。

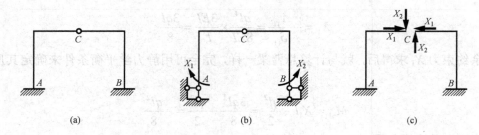

图 5-6 超静定刚架的多余约束

图 5-7（a）所示刚架，若将 B 端固定支座撤去，则得图 5-7（b）所示悬臂刚架，所以该刚架是三次超静定的。如果将原刚架横梁中间切断，则得图 5-7（c）所示两个悬臂刚架，所以将一梁式杆切断，相当于去掉三个约束。也可以将原结构横梁中点及两固定支座改成铰接，得到如图 5-7（d）所示三铰刚架。

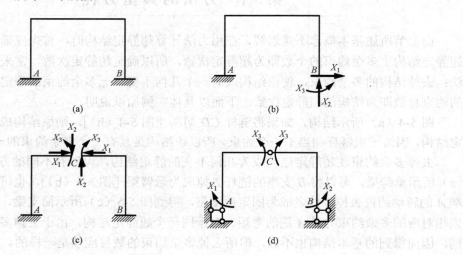

图 5-7 三次超静定刚架的多余约束

归纳起来，解除约束确定超静定次数的常用做法有如下几种：

（1）切断一根链杆，或去掉一个链杆支座，相当于去掉一个约束。

（2）将一固定支座改为固定铰支座，或者将一受弯杆件某处改为铰结，相当于去掉一个约束。

（3）去掉一个连接两刚片的铰，或者撤去一个固定铰支座，相当于去掉两个约束。

（4）将一梁式杆切断，或者撤去一个固定支座，相当于去掉三个约束。

由于解除多余约束的方式不同，同一结构的基本结构就会有不同的方式，但应注意，解除多余约束后得到的基本结构必须是几何不变的。为了保证其几何不变性，有时某些约束是绝对不能解除的。例如图 5-8 所示的连续梁，其水平链杆是不能解除的，否则成为几何可变体系了。又如图 5-9 所示的两铰拱，其任一竖向链杆也绝对不能解除，否则将成为瞬变体系。

用力法计算超静定结构的关键，在于根据位移条件建立力法方程以求解多余约束力。下面通过一个三次超静定刚架说明如何建立力法方程。

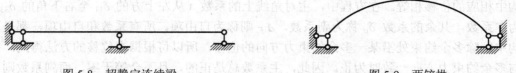

图 5-8 超静定连续梁　　　　　　　　图 5-9 两铰拱

图 5-10（a）所示刚架为三次超静定结构，分析时必须解除三个多余约束。设解除固定支座 B，并以相应的约束力 X_1、X_2 和 X_3 代替所解除约束的作用，得到图 5-10（b）所示基本系。在原结构中，由于 B 端为固定，所以没有任何的位移。因此，承受荷载 F_1、F_2 和三个多余约束力 X_1、X_2、X_3 的基本结构上，也必须保证同样的位移条件，即 B 点沿 X_1 方向的位移（水平位移）Δ_1，沿 X_2 方向的位移（竖向位移）Δ_2 和沿 X_3 方向的位移（角位移）Δ_3 都应等于零，即

$$\Delta_1=0, \quad \Delta_2=0, \quad \Delta_3=0$$

令 δ_{11}、δ_{21} 和 δ_{31} 分别表示当 $X_1=1$ 单独作用时，基本结构上 B 点沿 X_1、X_2 和 X_3 方向的位移 [图 5-10（c）]；δ_{21}、δ_{22} 和 δ_{23} 分别表示当 $X_2=1$ 单独作用时，基本结构上 B 点沿 X_1、X_2 和 X_3 方向的位移 [图 5-10（d）]；δ_{13}、δ_{23} 和 δ_{33} 分别表示当 $X_3=1$ 单独作用时，基本结构上 B 点沿 X_1、X_2 和 X_3 方向的位移 [图 5-10（e）]；Δ_{1F}、Δ_{2F} 和 Δ_{3F} 分别表示当荷载（F_1、F_2）单独作用时，基本结构上 B 点沿 X_1、X_2 和 X_3 方向的位移 [图 5-10（f）]。根据叠加原理，位移条件可写成

$$\Delta_1 = \delta_{11}X_1 + \delta_{12}X_2 + \delta_{13}X_3 + \Delta_{1F} = 0$$
$$\Delta_2 = \delta_{21}X_1 + \delta_{22}X_2 + \delta_{23}X_3 + \Delta_{2F} = 0$$
$$\Delta_3 = \delta_{31}X_1 + \delta_{32}X_2 + \delta_{33}X_3 + \Delta_{3F} = 0$$

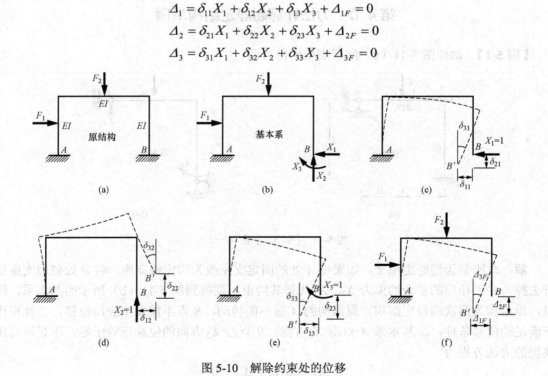

图 5-10 解除约束处的位移

这就是根据位移条件建立的求解多余约束力 X_1、X_2 和 X_3 的方程组，其物理意义为：在基本系中，由于全部多余约束力和已知荷载作用，在解除多余约束处（B 点）的位移应与原

结构中相应的位移相等。在方程中，主对角线上的系数（从左上方的 δ_{11} 至右下角的 δ_{33}）δ_{ii} 称为主系数，其余的系数 δ_{ij} 称为副系数，$\varDelta_{iF}$ 则称为自由项。所有系数和自由项，都是基本结构中解除多余约束处沿某一多余约束力方向的位移，所以可根据求位移的方法得到，并规定与多余约束力方向一致时为正。因此，主系数总是正的，且不会等于零，而副系数则可能为正、为负或为零。根据位移互等定理可知，副系数有互等关系，即

$$\delta_{ij} = \delta_{ji}$$

系数和自由项求得后，即可解算以上方程组以求得各多余约束力，然后再按照分析静定结构的方法求原结构的内力。

荷载作用下的 n 次超静定结构，共有 n 个多余约束力，而每一个多余约束力对应一个多余约束，也就对应一个已知的位移条件，故可按 n 个位移条件建立 n 个方程，这组方程通常称为力法典型方程，即

$$\left.\begin{aligned}
\delta_{11}X_1 + \delta_{12}X_2 + \cdots + \delta_{1n}X_n + \varDelta_F &= 0 \\
\delta_{21}X_1 + \delta_{22}X_2 + \cdots + \delta_{2n}X_n + \varDelta_{2F} &= 0 \\
&\vdots \\
\delta_{i1}X_1 + \delta_{i2}X_2 + \cdots + \delta_{in}X_n + \varDelta_{iF} &= 0 \\
&\vdots \\
\delta_{n1}X_1 + \delta_{n2}X_2 + \cdots + \delta_{nn}X_n + \varDelta_{nF} &= 0
\end{aligned}\right\} \tag{5-2}$$

第 4 节 力法计算超静定结构举例

【例 5-1】 试作图 5-11 （a）所示刚架的内力图。

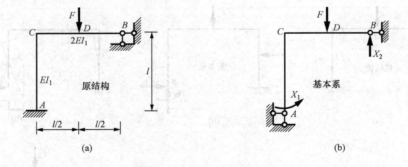

图 5-11 ［例 5-1］图（一）

解 此刚架为超静定刚架，如果将 A 处的固定支座改为固定铰支座，将 B 处竖向支座链杆去掉，并以相应的多余约束力 X_1、X_2 代替其约束，则得到图 5-11 （b）所示的基本系，所以，原结构为两次超静定结构。原结构的 A 端不能转动，B 点不能发生竖向位移，由此得出应满足的位移条件，即基本系 A 点沿 X_1 方向，B 点沿 X_2 方向的位移应等于零，于是可写出典型的力法方程为

$$\delta_{11}X_1 + \delta_{12}X_2 + \varDelta_{1F} = 0$$

$$\delta_{21}X_1 + \delta_{22}X_2 + \varDelta_{2F} = 0$$

为了求出各系数和自由项，分别作出基本结构在 $X_1 = 1$、$X_2 = 1$ 的弯矩图 $\bar{M}_1$、$\bar{M}_2$ 和荷载

弯矩图 M_F 如图 5-12（a）、（b）、（c）所示，用图乘法计算可得

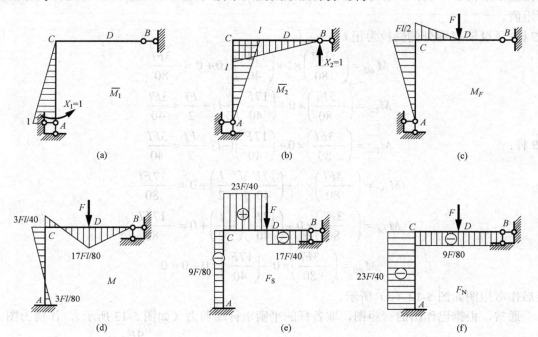

图 5-12 ［例 5-1］图（二）

$$\delta_{11} = \frac{1}{EI_1}\left(\frac{1}{3}\times1\times1\times l\right) = \frac{l}{3EI_1}$$

$$\delta_{22} = \frac{1}{EI_1}\left(\frac{1}{3}\times l\times l\times l\right) + \frac{1}{2EI_1}\left(\frac{1}{3}\times l\times l\times l\right) = \frac{l^3}{2EI_1}$$

$$\delta_{12} = \delta_{21} = -\frac{1}{EI_1}\left(\frac{1}{6}\times1\times l\times l\right) = -\frac{l^2}{6EI_1}$$

$$\Delta_F = \frac{1}{EI_1}\left(\frac{1}{6}\times1\times\frac{Fl}{2}\times l\right) = \frac{Fl^2}{12EI_1}$$

$$\Delta_{2F} = -\frac{1}{EI_1}\left(\frac{1}{3}\times l\times\frac{Fl}{2}\times l\right) - \frac{1}{2EI_1}\left(\frac{1}{2}\times\frac{l}{2}\times\frac{Fl}{2}\times\frac{5}{6}l\right) = -\frac{7Fl^3}{32EI_1}$$

代入典型方程，整理后得到

$$\frac{1}{3}X_1 - \frac{l}{6}X_2 + \frac{Fl}{12} = 0$$

$$-\frac{1}{6}X_1 + \frac{l}{2}X_2 - \frac{7Fl}{32} = 0$$

联立求解，得

$$X_1 = -\frac{3Fl}{80}, \quad X_2 = \frac{17F}{40}$$

求出多余约束力以后，最后的弯矩图可按叠加原理由下式计算

$$M = \bar{M}_1 X_1 + \bar{M}_2 X_2 + M_F$$

根据基本结构上荷载和多余约束力的情况，应将刚架分为两段，分别计算出各段控制截面的弯矩值。

AC 杆：（设使 C 端外侧受拉为正）

$$M_{AC} = \left(-\frac{3Fl}{80}\right) \times 1 + \left(\frac{17F}{40}\right) \times 0 + 0 = -\frac{3Fl}{80}$$

$$M_{CA} = \left(-\frac{3Fl}{80}\right) \times 0 + \left(\frac{17F}{40}\right)(-l) + \frac{Fl}{2} = \frac{3Fl}{40}$$

CB 杆：

$$M_{CD} = \left(-\frac{3Fl}{80}\right) \times 0 + \left(\frac{17F}{40}\right)(-l) + \frac{Fl}{2} = \frac{3Fl}{40}$$

$$M_{DC} = \left(-\frac{3Fl}{80}\right) \times 0 + \left(\frac{17F}{40}\right)\left(-\frac{l}{2}\right) + 0 = -\frac{17Fl}{80}$$

$$M_{DB} = \left(-\frac{3Fl}{80}\right) \times 0 + \left(\frac{17F}{40}\right)\left(-\frac{l}{2}\right) + 0 = -\frac{17Fl}{80}$$

$$M_{BD} = \left(-\frac{3Fl}{80}\right) \times 0 + \left(\frac{17F}{40}\right) \times 0 + 0 = 0$$

最后作弯矩图如图 5-12（d）所示。

通常，根据已作出的弯矩图，取各杆的平衡求杆端剪力（如图 5-13 所示），作剪力图。

AC 杆：

$$\Sigma M_C = 0, \quad F_{SAC} \times l + M_{AC} + M_{CA} = 0, \quad F_{SAC} = -\frac{9F}{80}$$

$$\Sigma M_A = 0, \quad F_{SCA} \times l + M_{AC} + M_{CA} = 0, \quad F_{SCA} = -\frac{9F}{80}$$

CB 杆：

$$\Sigma M_C = 0, \quad F_{SBD} \times l + F \times \frac{l}{2} - M_{CD} = 0, \quad F_{SBD} = -\frac{17F}{40}$$

$$\Sigma M_B = 0, \quad F_{SCD} \times l - M_{CD} - F \times \frac{l}{2} = 0, \quad F_{SCD} = \frac{23F}{40}$$

作剪力图如图 5-12（e）所示。

根据已作出的剪力图，取结点 C 的平衡（如图 5-13 所示），作轴力图。

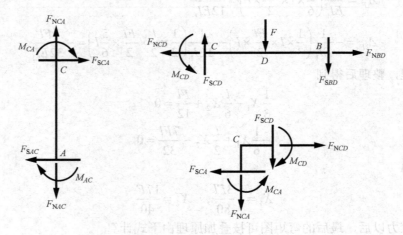

图 5-13 ［例 5-1］图（三）

$$\Sigma F_x = 0, \quad F_{NCD} = F_{SCA}, \quad F_{NCD} = -\frac{9F}{80}$$

$$\Sigma F_y = 0, \quad F_{NCA} = -F_{SCD} = -\frac{23F}{40}$$

由于各杆无轴向荷载作用，故各杆轴力均为常数，最后作轴力图如图 5-12（f）所示。

【例 5-2】 试求图 5-14（a）所示单跨排架的弯矩并作弯矩图。

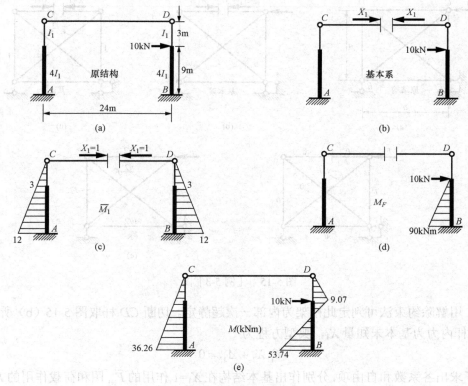

图 5-14 ［例 5-2］图

解 切断链杆 CD 相当于去掉一个多余约束，得到如图 5-14（b）所示的基本系，故它是一次超静定结构，根据基本系在原有荷载及多余约束力作用下，链杆切口处两侧截面相对水平位移应等于零的条件，可写出力法典型方程为

$$\delta_{11} X_1 + \Delta_F = 0$$

为了求出各系数和自由项，分别作出基本结构在 $X_1=1$ 的弯矩图 $\overline{M}_1$ 和荷载弯矩图 M_F，如图 5-14（c）、（d）所示，用图乘法计算可得

$$\delta_{11} = \frac{2}{EI_1}\left(\frac{1}{3}\times3\times3\times3\right) + \frac{2}{4EI_1}\left[\left(\frac{1}{3}\times3\times3\times9\right) + \left(\frac{1}{6}\times3\times12\times9\right) + \left(\frac{1}{3}\times12\times12\times9\right)\right.$$

$$\left. + \left(\frac{1}{6}\times3\times12\times9\right)\right] = \frac{301.5}{EI_1}$$

$$\Delta_F = \frac{-1}{4EI_1}\left(\frac{1}{6}\times3\times90\times9 + \frac{1}{3}\times12\times90\times9\right) = -\frac{911.25}{EI_1}$$

代入典型方程，可得

$$X_1 = -\frac{\Delta_{1F}}{\delta_{11}} = 3.02\text{kN}$$

按式 $M = \bar{M}_1 X_1 + M_F$ 即可得原结构的弯矩图如图 5-14（e）所示。

【例 5-3】 试求图 5-15（a）所示桁架的内力。

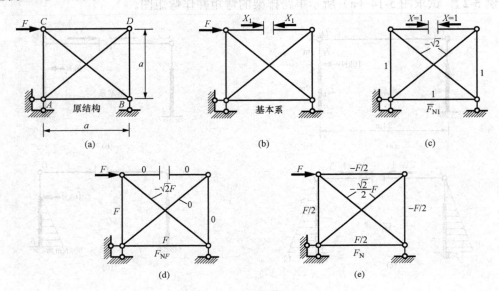

图 5-15 ［例 5-3］图

解 用解除约束法可判定此桁架为内部一次超静定。切断 CD 杆取图 5-15（b）所示基本系，CD 杆内力为基本未知量 X_1，典型方程为

$$\delta_{11} X_1 + \Delta_{1F} = 0$$

为了求出各系数和自由项，分别作出基本结构在 $X_1=1$ 作用的 $\bar{F}_{N1}$ 图和荷载作用的 F_{NF} 图，如图 5-15（c）、（d）所示，则

$$\delta_{11} = \Sigma \frac{\bar{F}_{N1}^2}{EA} l = \frac{1}{EA}[4 \times (1 \times 1 \times a) + 2 \times (-\sqrt{2}) \times (-\sqrt{2}) \times \sqrt{2}a] = \frac{4(1+\sqrt{2})}{EA}a$$

$$\Delta_{1F} = \Sigma \frac{\bar{F}_{N1} F_{NF}}{EA} l = \frac{1}{EA}[2 \times 1 \times F \times a + (-\sqrt{2}) \times (-\sqrt{2}F) \times \sqrt{2}a] = \frac{2(1+\sqrt{2})}{EA}Fa$$

代入典型方程，可得

$$X_1 = -\frac{\Delta_{1F}}{\delta_{11}} = -\frac{F}{2}$$

最后，内力按式 $F_N = \bar{F}_{N1} X_1 + F_{NF}$ 叠加计算，即可得原结构杆的轴力，如图 5-15（e）所示。

【例 5-4】 试求图 5-16（a）超静定组合结构（加劲梁）的内力图。

解 该结构为内部一次超静定。将下方水平拉杆切断，取图 5-16（b）所示基本系，基本未知量 X_1，典型方程为

$$\delta_{11} X_1 + \Delta_{1F} = 0$$

对于组合结构，在计算系数和自由项时，受弯杆一般只计弯矩项，拉压杆只有轴力，所

以需分别作出基本结构在 $X_1=1$ 作用的 $\overline{M}_1$、$\overline{F}_{N1}$ 图，在荷载作用的 M_F、F_{NF} 图，如图 5-16（c）、（d）所示，则

$$\delta_{11} = \frac{1}{E_1 A_1}[2 \times (1.12 \times 1.12 \times 2.24) + (1 \times 1 \times 2) + 2 \times (-0.5) \times (-0.5) \times 1]$$

$$+ \frac{1}{E_2 I_2}\left(2 \times \frac{1}{3} \times 1 \times 1 \times 2 + 1 \times 1 \times 2\right)$$

$$= \frac{8.12}{E_1 A_1} + \frac{3.33}{E_2 I_2}$$

$$\Delta_{1F} = 0 + \frac{1}{E_2 I_2}\left(2 \times \frac{1}{3} \times 10 \times 0.5 \times 1 - 2 \times \frac{0.50+1}{2} \times 1 \times 10 - 10 \times 1 \times 2\right) = -\frac{38.33}{E_2 I_2}$$

代入典型方程可得

$$X_1 = -\frac{\Delta_F}{\delta_{11}} = \frac{\dfrac{38.33}{E_2 I_2}}{\dfrac{8.12}{E_1 A_1} + \dfrac{3.33}{E_2 I_2}} = \frac{38.33}{\dfrac{E_2 I_2}{E_1 A_1} \times 8.12 + 3.33}$$

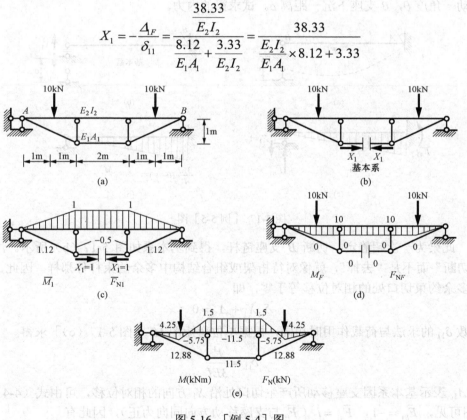

图 5-16 ［例 5-4］图

由上式可见，多余约束力与 $\dfrac{E_2 I_2}{E_1 A_1}$ 的相对值有关，与它们的绝对值无关。若加劲杆的截面很小，

$\dfrac{E_2 I_2}{E_1 A_1}$ 很大，则加劲杆起的作用很小。横梁弯矩接近跨度为 8m 的简支梁的弯矩［图 5-16（d）］。

相反加劲杆截面很大，$\dfrac{E_2 I_2}{E_1 A_1}$ 很小，则加劲杆起的作用很大。横梁弯矩接近三跨连续梁的弯矩。

例如，当 $\dfrac{E_2 I_2}{E_1 A_1}=1.026\times 10^{-2}$，$X_1\approx 11.5\mathrm{kN}$，横梁弯矩图如图 5-16（e）所示。横梁最大弯矩由于加劲杆的支撑减少了 57.5%。

第 5 节　支座移动和温度改变时超静定结构的内力计算

超静定结构在支座移动和温度改变等外来因素作用下也将产生内力。这种非荷载产生的内力称为自内力。用力法计算自内力与荷载作用的情况的区别仅在于典型方程中自由项的求法不同。下面通过例题说明计算过程并讨论它们与荷载作用情况的不同点。

一、支座移动时的计算

【例 5-5】　图 5-17（a）所示为一等截面梁，A 端为固定支座，B 端为滚轴支座。如果 A 支座转动一角度 θ，B 支座下沉一距离 c。试求梁的内力。

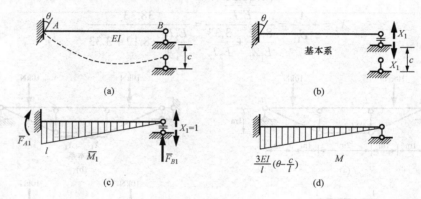

图 5-17　[例 5-5] 图

解　此梁为一次超静定，切断 B 支座链杆，得到基本系如图 5-17（b）所示。注意这里采用"切断"而不是"去掉"，就像对待桁架或组合结构中多余约束杆件那样。因此，典型方程即为多余约束切口处的相对位移等于零，即

$$\delta_{11}X_1 + \Delta_{1c} = 0$$

式中系数 δ_{11} 的求法与荷载作用时相同，根据单位弯矩图 $\overline{M}_1$ [图 5-17（c）] 求得

$$\delta_{11} = \frac{l^3}{3EI}$$

自由项 Δ_{1c} 表示基本系因支座移动所产生切口处沿 X_1 方向的相对位移，可由式（4-4）计算。从 $\overline{M}_1$ 图可见，$\overline{F}_{B1}=-1$，$\overline{F}_{A1}=l$（$\overline{F}_{i1}$ 与支座移动方向同向为正），因此有

$$\Delta_{1c} = -\Sigma \overline{F}_{i1}c_i = -\overline{F}_{B1}c - \overline{F}_{A1}\theta = -(-1)c - l\theta = (c - l\theta)$$

将它们代入典型方程得

$$\frac{l^3}{3EI}X_1 + c - l\theta = 0$$

于是，得

$$X_1 = \frac{3EI}{l^2}\left(\theta - \frac{c}{l}\right)$$

由于支座移动不引起静定基本结构的内力，所以结构最后的内力图是由多余约束力 X_1 引起的，弯矩叠加公式为

$$M = \bar{M}_1 X_1$$

弯矩图如图 5-17（d）所示$\left(\text{设}\,\theta > \dfrac{c}{l}\right)$。

以上计算结果表明，对于超静定结构，由于支座移动引起的内力与各杆刚度的绝对值成正比，在相同材料的条件下，截面尺寸越大，内力越大。

二、温度改变时的计算

【例 5-6】 图 5-18（a）所示刚架，设横梁上面升高 30℃，下面降低 10℃；竖柱均匀降低 10℃。线膨胀系数 $\alpha = 0.00001$，横梁高度 $h = 0.8\text{m}$，$EI = 2 \times 10^5 \text{kNm}^2$，竖柱的弯曲刚度为 $EI/2$。试作刚架的弯矩图。

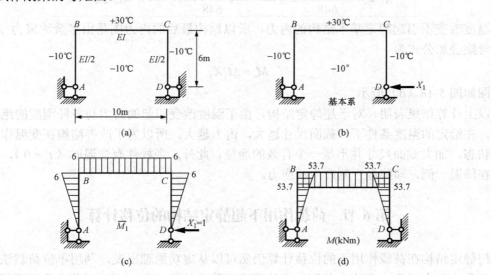

图 5-18 ［例 5-6］图

解 取基本系如图 5-18（b）所示，典型方程为

$$\delta_{11} X_1 + \Delta_{1t} = 0$$

其中，系数 δ_{11} 的求法与荷载作用时相同，根据单位弯矩图 $\bar{M}_1$［图 5-18（c）］求得

$$\delta_{11} = \frac{6 \times 10 \times 6}{EI} + 2 \times \frac{\frac{1}{3} \times 6 \times 6 \times 6}{EI/2} = \frac{648}{EI}$$

自由项 Δ_{1t} 表示因温度改变引起 X_1 方向的位移，由式（4-9）计算，即

$$\Delta_{1t} = \Sigma \frac{\alpha t'}{h} A_{\bar{M}_1} + \Sigma \alpha t A_{\bar{F}_{N1}}$$

在竖柱中因 $\bar{F}_{N1} = 0$，所以 $A_{\bar{F}_{N1}} = 0$，温度均匀变化，$t = -10℃$，$t' = t_2 - t_1 = 0$。在横梁中，$\bar{F}_{N1} = -1, \bar{M}_1 = 6$，故

$$A_{\bar{F}_{N1}} = -1 \times 10 = -10, \quad A_{\bar{M}_1} = 6 \times 10 = 60$$

横梁上下有温差，设横梁上缘温度为 t_2（$\bar{M}_1$ 受拉一侧），下缘温度为 t_1，则有

$$t = \frac{t_1 + t_2}{2} = \frac{-10 + 30}{2} = 10℃ , \quad t' = t_2 - t_1 = 30 - (-10) = 40℃$$

于是

$$\Delta_{1t} = \frac{\alpha \times 40}{0.8} \times 60 + \alpha \times 10 \times (-10) = 2900\alpha$$

将系数和自由项代入典型方程

$$\frac{648}{EI} X_1 + 2900\alpha = 0$$

解得

$$X_1 = -\frac{2900\alpha EI}{648} = -\frac{2900 \times 0.0001 \times 2 \times 10^5}{648} = -8.95\text{kN}$$

由于温度改变不引起静定基本结构的内力，所以结构最后的内力图是由多余约束力 X_1 引起的，弯矩叠加公式为

$$M = \bar{M}_1 X_1$$

弯矩图如图 5-18（d）所示。

以上计算结果表明，对于超静定结构，由于温度改变引起的内力与各杆刚度的绝对值成正比，在给定的温度条件下，截面尺寸越大，内力越大。所以为了改善结构在变温作用下的受力状态，加大截面尺寸并不是一个有效的途径。此外，当杆件有变温时（$t' \neq 0$），弯矩图出现在降温一侧，即降温一侧产生拉应力。

第6节　荷载作用下超静定结构的位移计算

超静定结构在荷载作用下的位移计算仍然可以从虚功原理出发，利用单位荷载法求解。导出的公式与本书第 4 章完全相同，但计算要比静定结构复杂，下面以荷载作用下超静定结构的位移计算进行说明。

图 5-19（a）所示单跨超静定梁，求梁中点 C 的竖向位移 Δ_{CF}，该结构用力法求得的弯矩图如图 5-19（b）所示（见本章第 2 节）。考虑到超静定结构的基本系在荷载和已确定的多余约束力共同作用下，其内力、变形和位移与原结构完全相同，所以可以将超静定结构的位移计算问题转化为静定的基本系的位移计算。这样虚力状态可以建立在原超静定结构的基本系上，由于计算超静定结构可以采用不同的基本系 [图 5-19（c）、（d）]，因此，求位移时的虚力状态也可以建立在不同的基本结构上，但所求得的位移应该是相同的。

当虚力状态建立在原结构的基本系，即图 5-19（c）所示的悬臂梁上时，单位弯矩图如图 5-19（e）所示，将此图与 M_F 图图乘，得

$$\Delta_{CF} = \frac{1}{EI} \left(\frac{1}{3} \times \frac{ql^2}{8} \times \frac{l}{2} \times \frac{l}{2} + \frac{1}{6} \times \frac{ql^2}{16} \times \frac{l}{2} \times \frac{l}{2} - \frac{2}{3} \times \frac{l}{2} \times \frac{ql^2}{8} \times \frac{3l}{16} \right) = \frac{ql^4}{192EI}$$

当虚力状态建立在原结构的基本系，即图 5-19（d）所示的简支梁上时，单位弯矩图如图 5-19（f）所示，将此图与 M_F 图图乘，得

$$\Delta_{CF} = \frac{1}{EI}\left(-\frac{1}{2}\times l \times \frac{l}{4}\times \frac{ql^2}{16} + 2\times \frac{5}{12}\times \frac{l}{4}\times \frac{ql^2}{8}\times \frac{l}{2}\right) = \frac{ql^4}{192EI}$$

可见两者的结果相同。

　　超静定结构的位移计算不仅可以检验结构是否满足刚度要求，还可以通过计算原结构的已知位移来校核最后弯矩图是否正确。例如计算上例中 B 点的竖向位移，虚力状态及单位弯矩图如图 5-19（g）所示，与 M_F 图进行图乘，得

$$\Delta_{BF} = \frac{1}{EI}\left(\frac{1}{3}\times l \times \frac{ql^2}{8}\times l - \frac{1}{3}\times l \times \frac{ql^2}{8}\times l\right) = 0$$

计算结果与原结构的位移条件相符，即最后的弯矩图无误。

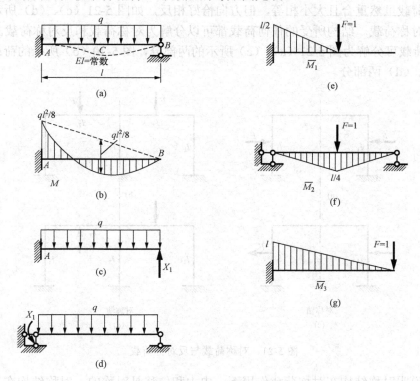

图 5-19　超静定结构的位移

第 7 节　对 称 性 的 利 用

　　在实际工程中常有这样一类结构，它们不仅在轴线所构成的几何图形和支撑情况是对称的，而且杆件的截面尺寸和材料也是对称的。这类结构称为对称结构。图 5-20 所示两个刚架是对称结构。平分对称结构的中线称为对称轴，本节根据对称结构的特点来研究它的简化计算方法。

　　作用在对称结构上的荷载，有两种特殊情况。如图 5-21 所示对称刚架，若将其中左部分或右部分绕对称轴转 180°，这时左右两部分结构将重合。如果左右两部分所受荷载也重合，且具有同样的大小和方向，如图 5-21（a）、（b）所示，则这种荷载称为对称荷载；如果左右

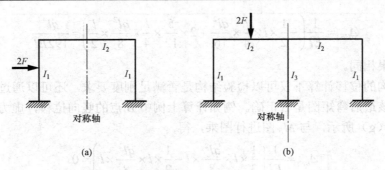

图 5-20 对称结构

两部分所受荷载虽然重合且大小相等，但方向恰好相反，如图 5-21（c）、（d）所示，则这种荷载称为反对称荷载。结构所受的任何荷载都可以分解为对称荷载和反对称荷载。如图 5-20（a）所示的荷载可分解为图 5-21（a）、（c）所示的两部分，图 5-20（b）所示的荷载可分解为图 5-21（b）、（d）两部分。

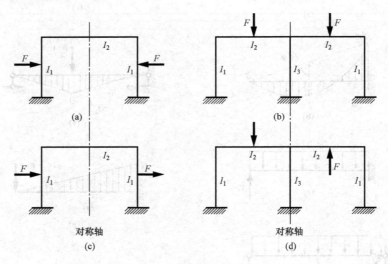

图 5-21 对称荷载与反对称荷载

下面来说明对称结构在对称荷载作用下，内力和位移是对称的；对称结构在反对称荷载作用下内力和位移是反对称的。以图 5-22（a）所示结构为例，用力法计算时将刚架从 CD 的中间 K 处切开，并代以相应的多余约束力 X_1、X_2、X_3。得图 5-22（b）所示基本系。因为原结构中 CD 杆是连续的，所以在 K 处左右两侧截面，既没有相对转动，也没有上下和左右相对移动。据此位移条件，可写出力法典型方程为

$$\delta_{11}X_1 + \delta_{12}X_2 + \delta_{13}X_3 + \Delta_{1F} = 0$$
$$\delta_{21}X_1 + \delta_{22}X_2 + \delta_{23}X_3 + \Delta_{2F} = 0$$
$$\delta_{31}X_1 + \delta_{32}X_2 + \delta_{33}X_3 + \Delta_{3F} = 0$$

以上方程组中的第一式表示基本系中切口两侧截面沿水平方向的相对线位移应为零；第二式表示切口两侧截面沿竖直方向相对线位移应为零；第三式表示切口两侧截面的相对转角应为零。

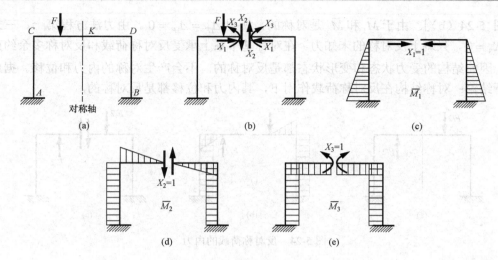

图 5-22　对称性分析

为了计算系数和自由项，分别作出单位弯矩图，如图 5-22（c）、（d）、（e）所示。因为 X_1 和 X_3 是对称力，所以 $\overline{M}_1$ 和 $\overline{M}_3$ 图是对称图形。因为 X_2 是反对称力，所以 $\overline{M}_2$ 图是反对称图形，按这些图形来计算系数时，其结果显然有

$$\delta_{12} = \delta_{21} = 0$$
$$\delta_{23} = \delta_{32} = 0$$

因此典型方程成为

$$\delta_{11}X_1 + \delta_{13}X_3 + \Delta_{1F} = 0$$
$$\delta_{22}X_2 + \Delta_{2F} = 0$$
$$\delta_{31}X_1 + \delta_{33}X_3 + \Delta_{3F} = 0$$

可见，方程被分成两组，一组只包含对称未知力 X_1 和 X_3，另一组只包含反对称未知力 X_2，可分别解出，使计算得到简化。

（1）对称荷载。以图 5-23（a）所示荷载为例。此时基本系的荷载弯矩图 M_F 是对称的 [图 5-23（b）]。由于 $\overline{M}_2$ 是反对称的，所以 $\Delta_{2F} = 0$。由力法方程第二式，$X_2 = 0$，只剩下对称的未知力。在对称基本系上承受对称荷载和对称多余约束力作用，因此结构的受力状态和变形状态都是对称的，不会产生反对称的内力和位移。据此可得如下结论：对称结构在对称荷载作用下，其内力和位移都是对称的。

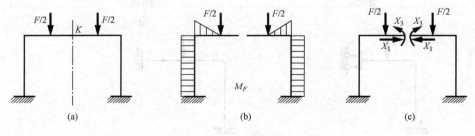

图 5-23　对称荷载的内力

（2）反对称荷载。以图 5-24（a）所示荷载为例。此时基本系的荷载弯矩图 M_F 是反对称

的［图 5-24（b）］。由于 $\bar{M}_1$ 和 $\bar{M}_3$ 是对称的，所以 $\Delta_F = \Delta_{3F} = 0$。由力法方程第一、三式，$X_1 = X_3 = 0$，只剩下反对称的未知力。在对称基本系上承受反对称荷载和反对称多余约束力作用，因此结构的受力状态和变形状态都是反对称的，不会产生对称的内力和位移。据此可得如下结论：对称结构在反对称荷载作用下，其内力和位移都是反对称的。

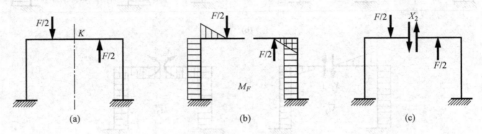

图 5-24 反对称荷载的内力

利用结构的对称性可使力法计算得到简化。其主要做法是：

（1）对称结构，在一般荷载作用下，取对称的基本系（切口位于对称轴上的截面），选对称及反对称的未知量，可使力法方程中的某些系数为零，使计算简化。

（2）对称结构，在对称荷载作用下，取对称的基本系，只有对称的未知量［图 5-23（c）］；在反对称荷载作用下，取对称的基本系，只有反对称的未知量［图 5-24（c）］。

（3）一般荷载可分解为对称荷载和反对称荷载分别计算，再将结果叠加，在某些情况下这样做是简单的。

利用结构的对称性可使对称结构的计算得到很大的简化。如在分析对称刚架时可取一半刚架进行计算。如图 5-25（a）所示的对称刚架，在对称荷载作用下，其变形和内力呈对称分布，位于对称轴上的截面 C 不能发生转动和水平移动，只会发生竖向移动；该截面的内力只有弯矩和轴力，而没有剪力。因此，可以取如图 5-25（c）所示的一半刚架，截面 C 相当于一个定向支座的约束。又如图 5-25（b）所示的对称刚架，在对称荷载作用下，只可能发生对

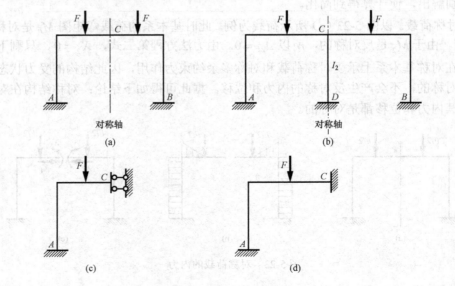

图 5-25 对称性的利用

称的内力和变形，因此柱 *CD* 只有轴向变形，而不可能有弯曲和剪切变形。由于分析刚架时一般不考虑轴向变形的影响，因此，可取图 5-25（d）所示的一半刚架，对称截面 *C* 相当于固定支座的约束。而柱 *CD* 的轴力应等于图 5-25（d）*C* 支座反力的两倍。

图 5-26（a）所示对称刚架，反对称荷载作用，其内力和变形都是反对称的，对称轴的 *C* 截面只有反对称内力——剪力，而没有弯矩和轴力。同时在对称轴截面 *C* 只有反对称水平移动和转动，不可能发生对称的竖向位移，因此可取图 5-26（c）所示的一半刚架，对称截面 *C* 相当于链杆约束。又如图 5-26（b）所示的对称刚架，在反对称荷载作用下，内力和变形都是反对称的。为取一半刚架，设想对称轴上的柱 *CD* 是用两根惯性矩各为 *I*/2 的柱代替。于是可取图 5-26（d）所示的一半刚架。

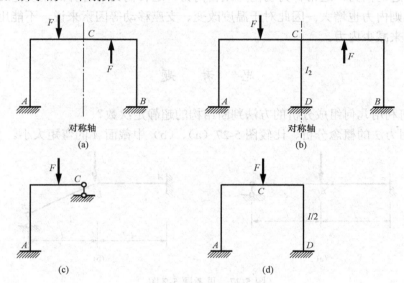

图 5-26　反对称性的利用

第 8 节　超静定结构的特性

因为超静定结构有多余约束，所示它具有不同于静定结构的重要特性。

1. 超静定结构在失去多余约束后，仍可以维持几何不变性

静定结构是几何不变且无多余约束的体系，它若失去任何一个约束，就成为几何可变体系，因而丧失了承载能力。超静定结构则不同，它若失去多余约束，仍为几何不变体系，仍能维持几何不变，还具有一定的承载能力。因此从抵抗突然破坏的防护能力来看，超静定结构比静定结构具有较大的安全保证。

2. 超静定结构的最大内力和位移小于静定结构

在同荷载、同跨度、同结构类型的情况下，超静定结构的最大内力和位移一般小于静定结构的最大内力和位移。在局部荷载作用时，超静定结构内力影响范围比较大，内力分布比较均匀，内力峰值也较小。

3. 超静定结构的反力和内力与杆件材料弹性常数和截面尺寸有关

静定结构的反力和内力取决于结构的平衡条件，与杆件材料的弹性常数和截面尺寸无关。

在超静定结构计算中，要用到平衡条件和位移条件，而位移与杆件材料的弹性常数和截面尺寸有关。所以超静定结构的内力与杆件材料的弹性常数和截面尺寸有关，即与杆件的刚度有关。在荷载作用下，内力与相对刚度有关。因此，对于超静定结构有时不必改变杆件的布置，只要调整各杆截面的大小，就能使结构的内力重新分布。

4. 温度改变、支座移动等因素会引起超静定结构的内力

在静定结构中，温度改变、支座移动、制造误差等因素都将引起结构的变形或位移。但在变形或位移过程中没有受到额外的约束，故不引起内力。而对于超静定结构，温度的改变、支座的移动、制造的误差等因素在变形和位移过程中受到额外的约束，故要引起内力。这种不属于荷载引起的内力，通常称为初内力或自内力。这种内力与各杆的刚度绝对值有关。各杆刚度增大，则内力也增大。因此对于温度改变、支座移动等因素来说，不能用增大结构截面尺寸的办法来减少内力。

思 考 题

5-1 如何利用几何组成分析的方法判断结构的超静定次数？

5-2 利用力法的概念分析、比较图 5-27（a）、（b）中截面 A 的弯矩大小。

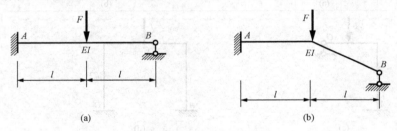

图 5-27 思考题 5-2 图

5-3 图 5-28（a）、（b）所示结构在支座 A 发生相同的转角 φ_A 时，比较 M_A 的大小。

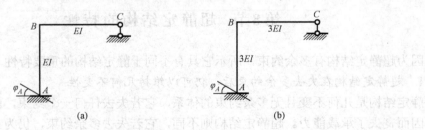

图 5-28 思考题 5-3 图

5-4 要使力法求解超静定结构的工作得到简化，应该从哪些方面去考虑？

5-5 图 5-29 所示连续梁弯矩图的轮廓线是否正确？为什么？

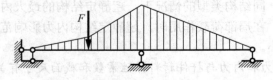

图 5-29 思考题 5-5 图

习　　题

5-1　确定图 5-30 所示结构的超静定次数。

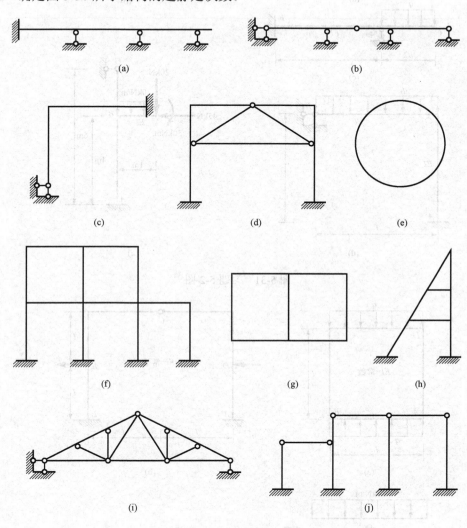

图 5-30　习题 5-1 图

5-2　试用力法计算如图 5-31 所示结构，并绘出弯矩图。

5-3　试利用可能简便的方法计算图 5-32 所示结构的内力，并绘出弯矩图。

5-4　试用力法计算图 5-33 所示组合结构各链杆的轴力，并绘出横梁的弯矩图。已知：链杆 $EA = 1.5 \times 10^5$ kN，横梁 $EI = 1 \times 10^5$ kNm^2。

5-5　试用力法计算图 5-34 所示铰接排架，并绘出弯矩图。已知：$E = 25.5$ GPa，$I_2/I_1 = 5.77$，$I_2 = 12.3 \times 10 - 3$ m^4。

5-6　试用力法计算图 5-35 所示桁架，各杆 $EA = $ 常数。

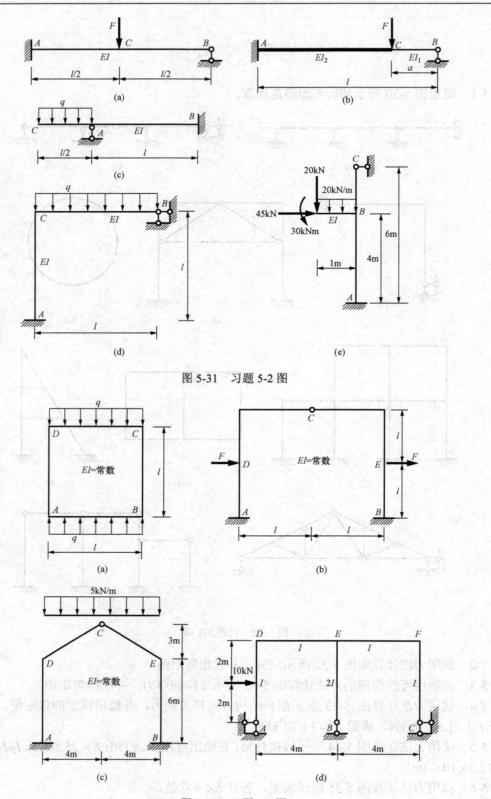

图 5-31 习题 5-2 图

图 5-32 习题 5-3 图

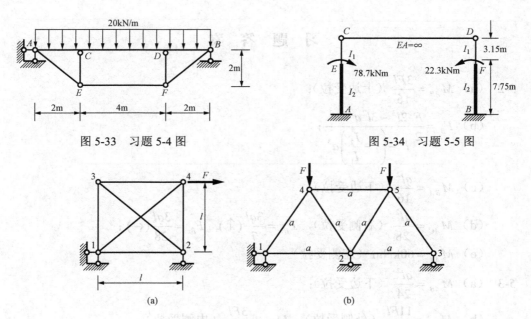

图 5-33　习题 5-4 图　　　　　　　图 5-34　习题 5-5 图

图 5-35　习题 5-6 图

5-7　试作图 5-36 所示结构支座移动时的弯矩图。

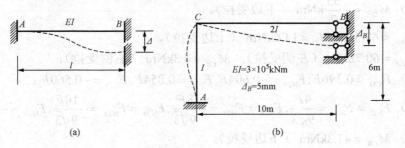

图 5-36　习题 5-7 图

5-8　试作图 5-37 所示结构温度改变时的弯矩图。已知：弯曲刚度 EI，截面高度 h，线膨胀系数 a。

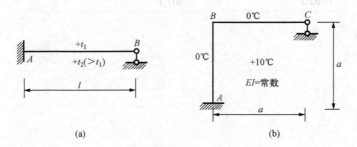

图 5-37　习题 5-8 图

5-9　试计算图 5-31（b）所示 C 点的竖向位移和图 5-31（d）所示 C 截面的转角。

习 题 答 案

5-2　(a) $M_{AB} = \dfrac{3Fl}{16}$ （上边受拉）;

　　(b) $F_B = \dfrac{F}{2}\cdot\dfrac{2l^3 - 3l^2 a + a^3}{l^3 - \left(1 - \dfrac{I_2}{I_1}\right)a^3}$;

　　(c) $M_{BA} = \dfrac{ql^2}{16}$ （下边受拉）;

　　(d) $M_{AC} = \dfrac{ql^2}{28}$ （右侧受拉）, $F_{By} = \dfrac{3ql}{7}(\uparrow)$, $F_{Bx} = \dfrac{3ql}{28}(\leftarrow)$;

　　(e) $M_{AB} = 60\text{kNm}$ （左侧受拉）。

5-3　(a) $M_{AB} = \dfrac{ql^2}{24}$ （下边受拉）;

　　(b) $M_{AD} = \dfrac{11Fl}{14}$ （外侧受拉）, $M_{DA} = \dfrac{3Fl}{14}$ （内侧受拉）;

　　(c) $M_{AD} = 17.51\text{kNm}$ （右侧受拉）, $M_{DA} = 20.83\text{kNm}$ （左边受拉）;

　　(d) $M_{DE} = -\dfrac{55}{7}\text{kNm}$ （下边受拉）。

5-4　$F_{NEF} = 67.3\text{kN}, M_C = 14.6\text{kNm}$ （上边受拉）。

5-5　$M_{EA} = 60.7\text{kNm}$ （左侧受拉）, $M_{FB} = 4.3\text{kNm}$ （右侧受拉）。

5-6　(a) $F_{N34} = 0.396F, F_{N24} = -0.604F, F_{N14} = 0.854F, F_{N23} = -0.560F$;

　　(b) $F_{N12} = F_{N23} = \dfrac{4F}{9\sqrt{3}}, F_{N14} = F_{N35} = -\dfrac{8F}{9\sqrt{3}}, F_{N24} = F_{N25} = -\dfrac{10F}{9\sqrt{3}}, F_{N45} = -\dfrac{F}{\sqrt{3}}$。

5-7　(b) $M_{CB} = 47.3\text{kNm}$ （下边受拉）。

5-8　(b) $M_{BC} = \dfrac{15aEI}{4a}\left(1 + \dfrac{3a}{h}\right)$。

5-9　(a) $\Delta_{CV} = \dfrac{7Fl^3}{768EI}$ $(\downarrow)$, (b) $\theta_C = \dfrac{ql^3}{56EI}$ $(\curvearrowright)$。

第6章　位移法和力矩分配法

第1节　等截面单跨超静定梁的杆端内力

单跨超静定梁的计算是位移法的基础。本节先研究单跨超静定梁在荷载及支座移动作用下的杆端内力的计算问题，这个问题可以用力法来解决。

为适应位移法研究的需要，将采用如下的符号规定：杆端转角 φ_A、φ_B 及垂直于杆轴线的相对线位移 Δ_{AB} 均顺时针为正；杆端弯矩 M_{AB}、M_{BA} 及杆端剪力 F_{SAB}、F_{SBA} 也均以顺时针为正。图 6-1 所示各量均为正。

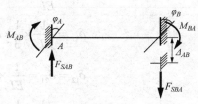

图 6-1　杆端内力和位移的符号

一、单跨超静定梁的杆端弯矩和剪力

常见的单跨超静定梁有下列三种形式：两端固定梁，一端固定、另一端铰支的梁，一端固定、另一端定向支撑的梁。它们受到荷载作用的杆端内力可用力法来求解。现以图 6-2（a）所示等截面两端固定梁受集中力作用的情况为例进行讨论。

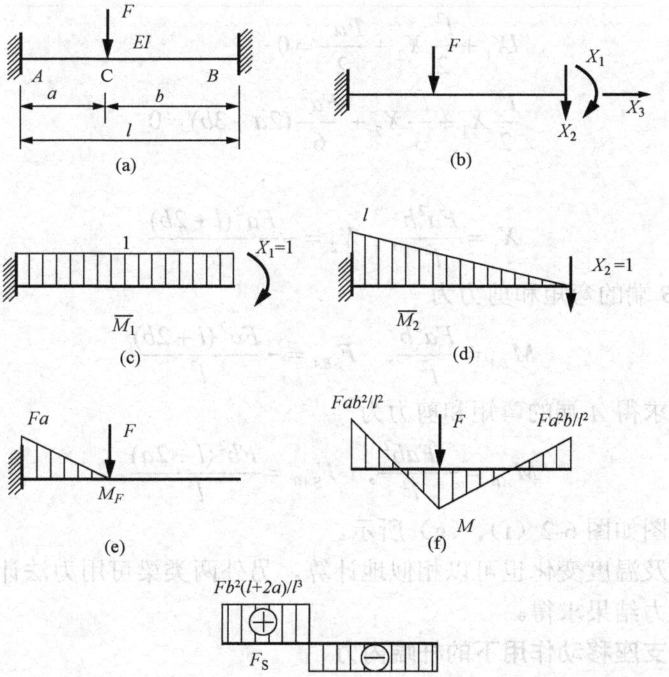

图 6-2　两端固定梁受集中力时的内力

该梁是一个三次超静定结构，现取图 6-2（b）所示悬臂梁为基本系，并以 X_1、X_2 和 X_3 代替所去约束的作用。由于 X_3 对梁的弯矩没有影响，可不予考虑，事实上无轴向荷载作用时，梁内无轴向力，而只就 X_1 和 X_2 方向的位移条件来建立求解基本未知量 X_1 和 X_2 的方程。

在原结构中，B 点不可能发生转角和竖向位移，按此位移条件可写出力法典型方程为

$$\delta_{11}X_1 + \delta_{12}X_2 + \Delta_{1F} = 0$$
$$\delta_{21}X_1 + \delta_{22}X_2 + \Delta_{2F} = 0$$

作出两个单位弯矩图 $\overline{M}_1$，$\overline{M}_2$ 和荷载弯矩图 M_F，如图 6-2（c）～（e）所示，用图乘法计算可得

$$\delta_{11} = \frac{1}{EI} \times 1 \times 1 \times l = \frac{l}{EI}$$

$$\delta_{22} = \frac{1}{EI} \times \frac{1}{3} \times l \times l \times l = \frac{l^3}{3EI}$$

$$\delta_{12} = \delta_{21} = \frac{1}{EI} \times \frac{1}{2} \times 1 \times l \times l = \frac{l^2}{2EI}$$

$$\Delta_{1F} = \frac{1}{EI} \times \frac{1}{2} \times Fa \times 1 \times a = \frac{Fa^2}{2EI}$$

$$\Delta_{2F} = \frac{1}{EI} \times \left(\frac{1}{3} \times Fa \times l \times a + \frac{1}{6} \times Fa \times b \times a \right) = \frac{Fa^2}{6EI}(2a + 3b)$$

代入典型方程，整理后得到

$$lX_1 + \frac{l^2}{2}X_2 + \frac{Fa}{2} = 0$$

$$\frac{l^2}{2}X_1 + \frac{l^3}{3}X_2 + \frac{Fa^2}{6}(2a + 3b) = 0$$

联立求解，得

$$X_1 = \frac{Fa^2b}{l^2}, \quad X_2 = -\frac{Fa^2(l + 2b)}{l^3}$$

因此，AB 梁 B 端的弯矩和剪力为

$$M_{BA} = \frac{Fa^2b}{l^2}, \quad F_{SBA} = -\frac{Fa^2(l + 2b)}{l^3}$$

由静力平衡条件可求得 A 端的弯矩和剪力为

$$M_{AB} = -\frac{Fab^2}{l^2}, \quad F_{SAB} = \frac{Fb^2(l + 2a)}{l^3}$$

最后弯矩图和剪力图如图 6-2（f）、（g）所示。

对于其他荷载及温度变化也可以相似地计算，另外两类梁可用力法计算，也可以根据两端固定梁的杆端内力结果求得。

二、单跨梁在支座移动作用下的杆端内力

图 6-3（a）所示等截面两端固定梁，固定端 A 顺时针转动角度 φ_A。取基本系如图 6-3（b）所示，可写出力法典型方程为

$$\delta_{11}X_1 + \delta_{12}X_2 + \Delta_{1c} = 0$$
$$\delta_{21}X_1 + \delta_{22}X_2 + \Delta_{2c} = 0$$

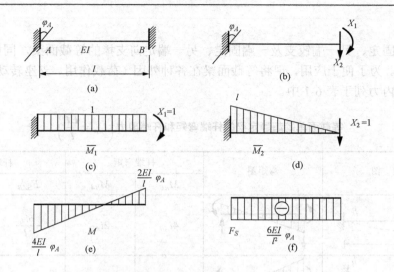

图 6-3　两端固定梁支座转动时的内力

作出两个单位弯矩图 $\bar{M}_1$、$\bar{M}_2$，如图 6-3（c）、（d）所示，各系数与前相同。Δ_{1c}、Δ_{2c} 分别为基本结构在支座 A 转动 φ_A 后，B 点沿 X_1 方向的转角和沿 X_2 方向的竖向位移，可按式（4-4）计算

$$\Delta_{1c}=-\Sigma \bar{F}_i c_i = -(-1\times\varphi_A)=\varphi_A$$
$$\Delta_{2c}=\Sigma F_i c_i = -(-l\varphi_A)=l\varphi_A$$

将系数和自由项代入典型方程，得到

$$\frac{l}{EI}X_1+\frac{l^2}{2EI}X_2+\varphi_A=0$$
$$\frac{l^2}{2EI}X_1+\frac{l^3}{3EI}X_2+l\varphi_A=0$$

联立求解，得

$$X_1=\frac{2EI}{l}\varphi_A,\quad X_2=-\frac{6EI}{l^2}\varphi_A$$

因此，AB 梁 B 端的弯矩和剪力为

$$M_{BA}=\frac{2EI}{l}\varphi_A,\quad F_{SBA}=-\frac{6EI}{l^2}\varphi_A$$

由静力平衡条件可求得 A 端的弯矩和剪力为

$$M_{AB}=\frac{4EI}{l}\varphi_A,\quad F_{SAB}=-\frac{6EI}{l^2}\varphi_A$$

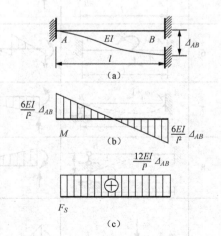

图 6-4　两端固定梁支座移动时的内力

最后弯矩图和剪力图如图 6-3（e）、（f）所示。

对于图 6-4（a）所示等截面两端固定梁，两支座在垂直于梁轴线方向发生相对线位移 Δ_{AB}，可看作支座 A 向上或支座 B 向下发生竖向位移 Δ_{AB}。同样可用力法计算，并可作出弯矩图和剪力图如图 6-4（b）、（c）所示。需要注意的是，不同于荷载作用下超静定结构的计算，因支座移动产生的内力与杆件刚度的绝对值有关。

对于一端固定、另一端铰支及一端固定、另一端定向支撑的等截面梁，同样可用力法计算其杆端内力。为了便于应用，现将等截面梁在各种外因（荷载作用、支座转动和支座移动）影响下的杆端内力列于表 6-1 中。

表 6-1 　　　　　　　　　　　等截面单跨超静定梁的杆端弯矩和杆端剪力 $\left(i_{AB}=\dfrac{EI}{l}\right)$

序号	简 图	弯矩图	杆端弯矩		杆端剪力	
			M_{AB}	M_{BA}	F_{SAB}	F_{SBA}
1			$4i_{AB}$	$2i_{AB}$	$-\dfrac{6i_{AB}}{l}$	$-\dfrac{6i_{AB}}{l}$
2			$-\dfrac{6i_{AB}}{l}$	$-\dfrac{6i_{AB}}{l}$	$\dfrac{12i_{AB}}{l^2}$	$\dfrac{12i_{AB}}{l^2}$
3			$-\dfrac{Fab^2}{l^2}$ $a=b$ $-\dfrac{Fl}{8}$	$\dfrac{Fa^2b}{l^2}$ $\dfrac{Fl}{8}$	$\dfrac{Fb^2}{l^2}\left(1+\dfrac{2a}{l}\right)$ $a=b$ $\dfrac{F}{2}$	$-\dfrac{Fa^2}{l^2}\left(1+\dfrac{2b}{l}\right)$ $-\dfrac{F}{2}$
4			$-\dfrac{ql^2}{12}$	$\dfrac{ql^2}{12}$	$\dfrac{ql}{2}$	$-\dfrac{ql}{2}$
5			$-\dfrac{q_0l^2}{20}$	$\dfrac{q_0l^2}{30}$	$\dfrac{7q_0l}{20}$	$-\dfrac{3q_0l}{20}$
6			$\dfrac{M_eb}{l^2}(2l-3b)$	$\dfrac{M_ea}{l^2}(2l-3a)$	$-\dfrac{6ab}{l^3}M_e$	$-\dfrac{6ab}{l^3}M_e$
7			$3i_{AB}$	0	$-\dfrac{3i_{AB}}{l}$	$-\dfrac{3i_{AB}}{l}$
8			$-\dfrac{3i_{AB}}{l}$	0	$\dfrac{3i_{AB}}{l^2}$	$\dfrac{3i_{AB}}{l^2}$
9			$-\dfrac{Fb(l^2-b^2)}{2l^2}$ $a=b$ $-\dfrac{3Fl}{16}$	0	$\dfrac{Fb(3l^2-b^2)}{2l^3}$ $a=b$ $\dfrac{11F}{16}$	$\dfrac{Fa^2(3l-a)}{2l^2}$ $-\dfrac{5F}{16}$

续表

序号	简 图	弯矩图	杆端弯矩		杆端剪力	
			M_{AB}	M_{BA}	F_{SAB}	F_{SBA}
10			$-\dfrac{ql^2}{8}$	0	$\dfrac{5ql}{8}$	$-\dfrac{3ql}{8}$
11			$-\dfrac{q_0 l^2}{15}$	0	$\dfrac{2q_0 l}{5}$	$-\dfrac{q_0 l}{10}$
12			$-\dfrac{7q_0 l^2}{120}$	0	$\dfrac{9q_0 l}{40}$	$-\dfrac{11q_0 l}{40}$
13			$\dfrac{M_e(l^2-3b^2)}{2l^2}$	0	$-\dfrac{3M_e(l^2-b^2)}{2l^3}$	$-\dfrac{3M_e(l^2-b^2)}{2l^3}$
14			i_{AB}	$-i_{AB}$	0	0
15			$-\dfrac{Fa(l+b)}{2l}$	$-\dfrac{Fa^2}{2l}$	F	0
16			$-\dfrac{ql^2}{3}$	$-\dfrac{ql^2}{6}$	ql	0

三、等截面梁的转角位移方程

当单跨超静定梁受到荷载及支座转动和移动的共同作用时，其杆端内力可根据叠加原理，由表 6-1 相应各栏的杆端内力叠加得到。图 6-5 所示两端固定的等截面梁，其杆端弯矩和剪力为

$$
\left.
\begin{aligned}
M_{AB} &= 4i\varphi_A + 2i\varphi_B - 6i\frac{\Delta_{AB}}{l} + M_{AB}^{\mathrm{F}} \\[2mm]
M_{BA} &= 2i\varphi_A + 4i\varphi_B - 6i\frac{\Delta_{AB}}{l} + M_{BA}^{\mathrm{F}} \\[2mm]
F_{SAB} &= -6\frac{i}{l}\varphi_A - 6\frac{i}{l}\varphi_B + 12\frac{i}{l}\cdot\frac{\Delta_{AB}}{l} + F_{SAB}^{\mathrm{F}} \\[2mm]
F_{SBA} &= -6\frac{i}{l}\varphi_A - 6\frac{i}{l}\varphi_B + 12\frac{i}{l}\cdot\frac{\Delta_{AB}}{l} + F_{SBA}^{\mathrm{F}}
\end{aligned}
\right\}
\tag{6-1}
$$

对于 A 端固定、B 端铰支的等截面梁，其杆端弯矩为（杆端剪力表达式略）

$$
\left.
\begin{aligned}
M_{AB} &= 3i\varphi_A - 3i\frac{\Delta_{AB}}{l} + M_{AB}^{\mathrm{F}} \\[2mm]
M_{BA} &= 0
\end{aligned}
\right\}
\tag{6-2}
$$

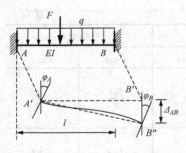

图 6-5　杆端弯矩和杆端剪力

这一概念。

对于 A 端固定、B 端定向支撑的等截面梁,其杆端弯矩为(杆端剪力表达式略)

$$\left.\begin{array}{l} M_{AB} = i\varphi_A + M_{AB}^{F} \\ M_{BA} = -i\varphi_A + M_{BA}^{F} \end{array}\right\} \tag{6-3}$$

式(6-1)~式(6-3)称为等截面直杆的转角位移方程。

上述转角位移方程虽然是针对单跨等截面梁导出的,但它表示的杆端内力与杆端位移及荷载之间的关系,对结构中任何等截面受弯直杆都是适用的,在下面的位移法中将用到

第 2 节　位移法的基本原理

力法和位移法是计算超静定结构的两种基本方法。从上一章对力法的讨论可见,确定超静定结构的内力,必须同时满足平衡条件和位移条件,才能得到唯一解。力法是将超静定结构转化为静定结构来计算的,即力法以多余约束力作为基本未知量,通过对静定结构的计算,建立位移条件,首先求出多余约束力,进而求出其他约束力和内力。而位移法是将超静定结构化为单跨超静定梁(单根杆)系来计算的,它是以结构的结点位移为基本未知量,通过对单跨超静定梁系计算建立平衡条件,首先求出结点位移,进而计算结构内力。这是位移法的基本思路。

下面通过两个简单的例子来说明位移法的基本原理。图 6-6(a)所示刚架,在荷载 F 作用下,该刚架将发生图中虚线所示的变形。若不计杆长的变化,刚结点 B 只有角位移(转角)而无线位移。设此转角为 φ_1(顺时针转),根据变形协调关系,与刚结点 B 相连的 AB 杆的 B 端和 BC 杆的 B 端也都发生与 B 结点相同的转角 φ_1,该刚架的这个受力和变形状态与图 6-6(b)所示的两个单跨超静定梁的情况相同。其中 AB 杆相当于两端固定的梁在固定端 B 发生转角 φ_1;BC 杆相当于 B 端固定、C 端铰支的单跨梁受原荷载 F 作用,且在固定端 B 处发生转角 φ_1。所不同的是仅仅是:在刚架中 φ_1 为荷载引起的,而在单跨梁系中 φ_1 与荷载可共同视为外来因素作用于梁上。显然,如果转角 φ_1 已知,这些单跨梁的内力就可根据表 6-1 或转角位移方程来确定。

为了使原结构能转化为图 6-6(b)所示的单跨梁系来计算,设想在原结构的结点 B 上加上一个能阻止结点转动(但不能阻止移动)的约束,称为附加刚臂,并用符号 ▽ 表示[图 6-6(c)],这时由于结点 B 既不能转动又不能移动,所以 AB 杆相当于两端固定梁,BC 杆则相当于一端固定,另一端铰支的单跨梁。再将原荷载及转角 φ_1 作用上去,将 φ_1 作用到图 6-6(c)所示结构上,即使刚臂转动 φ_1 角度,并同时带动结点 B 转动 φ_1。可以将刚臂理解为一种特殊的支座,φ_1 看做是支座转动。经过以上处理,图 6-6(c)与(b)所示两状态完全相一致。也就是说图 6-6(c)所示状态实现了将原结构离散为单跨梁系的目的。这就可以通过对图 6-6(c)所示离散梁系的计算来代替对图 6-6(a)所示原结构的计算。但计算图 6-6(c)所示结构还存在两个问题:一是 φ_1 是未知的,二是结点 B 有刚臂约束。这意味着有一约束反力矩作用,设其为 F_{R1}(与 φ_1 转向一致为正);而在原结构 B 结点处无此力作用,虽然任意设定一

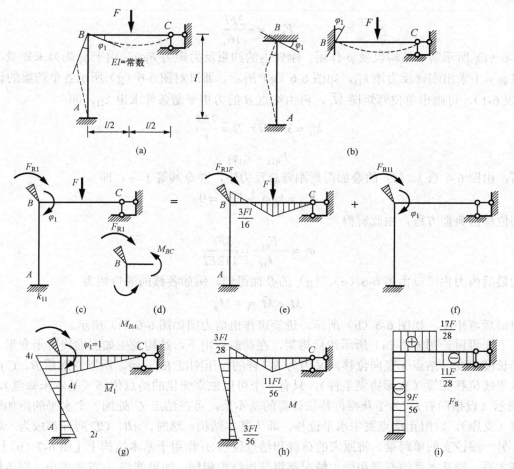

图 6-6　刚架的位移法计算

个 φ_1 值都能满足 B 结点处的变形协调条件，但在刚臂上的约束反力矩 F_{R1} 将会有不同的数值。只有根据 $F_{R1}=0$ 的条件来选择 φ_1 的大小，才能使图 6-6（c）所示受力状态和变形状态完全与图 6-6（a）所示原结构相同。这时，根据结点 B 的力矩平衡条件，如图 6-6（d）所示，有

$$F_{R1}=M_{BA}+M_{BC}=0$$

由此可知，条件 $F_{R1}=0$ 的实质就是原结构在结点 B 的力矩平衡条件，由此条件求得了 φ_1，就可以确定内力状态。因此按位移法求解结构时，也必须同时考虑静力平衡条件和几何方面的变形协调条件。应该指出，在平衡条件的建立中，需要用到材料的物理条件。因此位移法求解超静定结构的内力，与力法一样，是以平衡、几何、物理三方面条件为依据的。结点位移（φ_1）称为位移法的基本未知量，加了附加约束（刚臂）的结构（单跨超静定梁的组合体系）为位移法的基本结构；基本结构上承受与原结构相同的荷载，并在附加刚臂处转动 φ_1，得到位移法的基本体系，简称基本系 [图 6-6（c）]；用来确定 φ_1 的条件方程 $F_{R1}=0$，称为位移法的典型方程。

下面具体讨论 φ_1 的求法。根据叠加原理，图 6-6（c）可分为图 6-6（e）、（f）所示两种情况来考虑，图 6-6（e）所示基本结构仅受荷载作用，通过对各梁的计算（查表 6-1），可画出荷载作用的弯矩图 M_F，再由结点 B 的力矩平衡条件，求出附加刚臂内的约束反力矩为

$$F_{R1F} = -\frac{3Fl}{16}$$

图 6-6（f）所示基本结构仅受 φ_1 作用，刚臂内的约束反力矩为 F_{R11}。由于 φ_1 尚为未知量，可先设 $\varphi_1 = 1$ 求出刚臂反力矩 k_{11}，如图 6-6（g）所示。通过对图 6-6（g）所示各单跨梁的计算（查表 6-1），可画出单位弯矩图 $\bar{M}_1$，再由结点 B 的力矩平衡条件求出 k_{11}，即

$$k_{11} = 3i + 4i = 7i = \frac{7EI}{l}$$

则

$$F_{R11} = k_{11}\varphi_1$$

最后，由图 6-6（e）、（f）的叠加得到刚臂总反力矩，并令其等于零，即

$$F_{R1} = k_{11}\varphi_1 + F_{R1F} = 0$$

此即位移法典型方程，由此解得

$$\varphi_1 = -\frac{F_{R1F}}{k_{11}} = \frac{3Fl^2}{112EI}$$

结构最后内力也可以由图 6-6（e）、（g）的叠加得到，例如各截面的弯矩为

$$M = \bar{M}_1\varphi_1 + M_F$$

作出最后弯矩图，如图 6-6（h）所示，进而可作出剪力图如图 6-6（i）所示。

下面再讨论图 6-7（a）所示铰接排架，在荷载作用下，结构发生如图虚线所示变形。设柱子长度不变，结点无竖向位移，又因为 BC 杆的拉压刚度 $EA = \infty$，所以变形后 B、C 两点的水平线位移相等（变形协调条件），只有一个可以独立变化的结点位移（基本未知量），用 Δ_1 表示（设指向右）。为了获得位移法计算的基本系，可在结点 C 处加一个水平的附加链杆约束（支座），以阻止结点发生水平位移，即为基本结构。这时，AB、CD 两杆都成为一端固定，另一端铰支的单跨梁。将原来的荷载和结点位移 Δ_1 作用于基本结构上 [图 6-7（b）]，即为基本系。则基本系的变形和受力情况都将与原结构相同。如果能将 Δ_1 首先求出，则各杆的杆端内力便可由表 6-1 或位移转角方程求得。故 Δ_1 为基本未知量，Δ_1 的不同取值，虽然都能满足变形协调条件，但在附加链杆中的约束反力 F_{R1}（与 Δ_1 同向为正）将有不同数值。为了保证基本系与原结构完全一致，必须按约束反力 $F_{R1} = 0$ 的条件来选定 Δ_1。事实上，根据 BC 杆为脱离体，图 6-7（c）所示剪力平衡条件为

$$F_{R1} = F_{SBA} + F_{SCD} = 0$$

可知，$F_{R1} = 0$ 的条件实质上就是截面的剪力平衡条件。

下面通过对基本系的计算来建立位移法的典型方程 $F_{R1} = 0$，并求出 Δ_1。先计算基本结构上仅受荷载作用，如图 6-7（d）所示的荷载弯矩图 M_F，再取 BC 杆为脱离体，根据剪力平衡条件求出附加链杆内的约束反力 F_{R1F}，如图 6-7（e）所示。各杆端剪力可根据柱子的平衡条件求出，即

$$F_{SBA} = -\frac{3}{8}ql, \quad F_{SCD} = 0$$

$$F_{R1F} = F_{SBA} + F_{SCD} = -\frac{3}{8}ql$$

再计算基本结构上仅受 $\Delta_1 = 1$ 作用，如图 6-7（f）所示单位弯矩图 $\bar{M}_1$，仍取 BC 杆为脱离体，根据剪力平衡条件求出附加链杆内的反力 k_{11}，如图 6-7（g）所示。各杆端剪力可根据柱子的

平衡条件求出，即

$$F_{SBA} = F_{SCD} = \frac{3i}{l^2}$$

$$k_{11} = F_{SBA} + F_{SCD} = \frac{6i}{l^2}$$

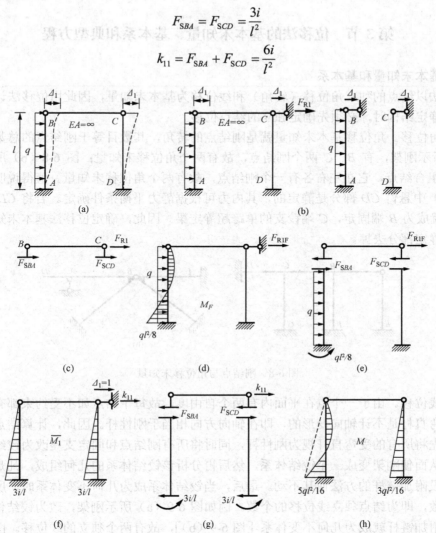

图 6-7　排架的位移法计算

由此可计算基本结构受荷载和 Δ_1 作用时，附加链杆约束反力为

$$F_{R1} = F_{R11} + F_{R1F} = k_{11}\Delta_1 + F_{R1F} = 0$$

此即位移法典型方程，由此解得

$$\Delta_1 = -\frac{F_{R1F}}{k_{11}} = \frac{ql^3}{16i} = \frac{ql^4}{16EI}$$

最后弯矩由叠加公式计算为

$$M = \bar{M}_1 \Delta_1 + M_F$$

作出最后弯矩图，如图 6-7（h）所示。

从以上两例可见，位移法的基本原理为：以结点位移为基本未知量，取因附加约束而离散的单跨梁系为基本系，根据附加约束内的约束力为零的条件建立典型方程，求解结点位移，进而通过叠加计算内力。

第 3 节　位移法的基本未知量、基本系和典型方程

一、基本未知量和基本系

位移法以结点的独立角位移（转角）和线位移为基本未知量，因此用位移法计算梁和刚架一类超静定结构时，必须先确定独立的结点位移。

（1）角位移。角位移基本未知量就是刚结点的转角，其数目等于刚结点的总数。例如图 6-8（a）所示刚架，有 B、C 两个刚结点，故有两个角位移未知量；图 6-8（b）所示刚架，结点 B 为组合结点，它在左右各有一个刚结点，故有两个角位移未知量。值得说明的是，在图 6-8（b）中悬臂 CD 部分是静定的，其内力可根据静力平衡条件确定。若将 CD 去掉，则杆件 BC 就成为 B 端固定，C 端铰支的单跨超静定梁。因此，确定位移法基本未知量时，可将结构的静定部分去掉。

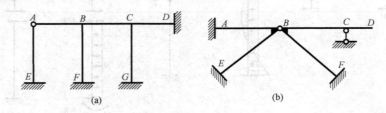

图 6-8　刚结点与角位移未知量

（2）线位移。由于一个点在平面内有两个自由度，故每个结点如不受约束都有两个线位移。但受弯直杆是不计轴向变形的，即在轴向方向相当于刚性杆。因此，计算结点线位移个数时，可先将所有的受弯直杆视为刚性杆，同时将所有刚结点和固定支座改为铰结点和固定铰支座，从而使刚架变成一个铰结体系，然后再分析该铰结体系的几何组成，凡是可动的结点，用增设附加链杆的方法使其不动。最后，当铰结体系成为几何不变体系时，所增设附加链杆的总数，即为结点独立线位移的个数。例如图 6-9（a）所示刚架，改为铰结体系后只需增设两根附加链杆就成为几何不变体系 [图 6-9（b）]，故有两个独立的线位移。图 6-10（a）

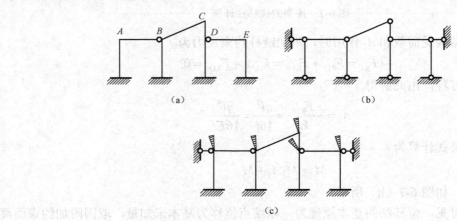

图 6-9　角位移与线位移未知量

所示刚架，改成铰结体系后，只需增设一根附加链杆就成为几何不变体系，如图 6-10（b）所示，故只有一个独立的线位移。

位移法基本未知量的数目应等于结构结点的独立角位移和线位移两者数目之和。例如图 6-9（a）所示刚架，有 A、B、C、D、E 共 5 个刚结点，即有 5 个角位移，由图 6-9（b）可知，刚架有两个独立的线位移，故总共有 7 个基本未知量。图 6-10（a）所示刚架，有 B、D 共两个刚结点，即有两个角位移，由图 6-10（b）可知，刚架有一个独立的线位移，故总共有三个基本未知量。

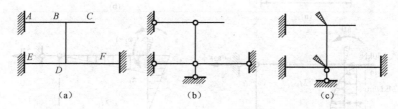

图 6-10　刚架角位移与线位移未知量

对于图 6-11（a）所示排架，在 3 处有一个刚结点，有一个角位移；确定线位移是将其变为铰结体系后，需要增加两根附加链杆，才能成为几何不变体系，如图 6-11（b）所示，故有两个独立的线位移，因此，该排架有三个基本未知量。

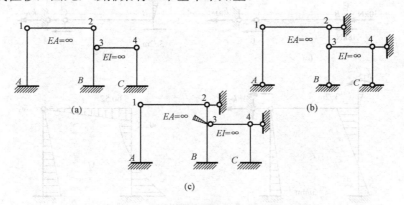

图 6-11　排架的线位移与角位移未知量

基本未知量一经确定，位移法的基本结构也就确定了，只要在取为角位移未知量的结点处加上阻止转角的附加刚臂，在取为线位移未知量的结点处加上阻止线位移的附加链杆即可得到位移法的基本结构。图 6-9（a）所示刚架的基本结构，如图 6-9（c）所示；图 6-10（a）所示刚架的基本结构，如图 6-10（c）所示；图 6-11（a）所示排架的基本结构，如图 6-11（c）所示。

二、典型方程

以图 6-12（a）所示刚架为例进行讨论，该刚架有一个刚结点和一个独立的结点线位移，共有两个基本未知量 φ_1、Δ_2。基本系如图 6-12（b）所示，它在原荷载和未知的结点位移共同作用下，在附加约束处产生的约束力设为 F_{R1}、F_{R2}，为了使从基本系求得的内力和位移与原结构一样，必须使附加约束内的约束力等于零，从而得到位移法的典型方程为

$$F_{R1} = 0, \quad F_{R2} = 0 \tag{a}$$

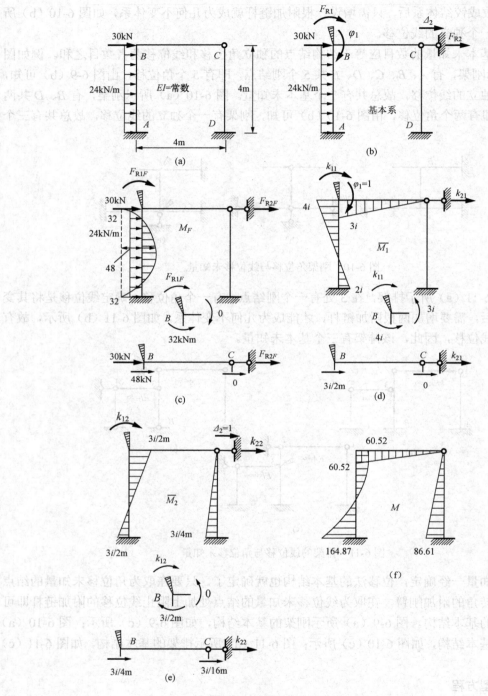

图 6-12 移位法的典型方程

下面利用叠加原理，把基本系总约束力 F_{R1}、F_{R2} 分解为几种情况分别计算：

（1）荷载单独作用——相应的约束力为 F_{R1F}、F_{R2F}，如图 6-12（c）所示；

（2）单位转角 $\varphi_1 = 1$ 单独作用——相应的约束力 k_{11}、k_{21}，如图 6-12（d）所示；

（3）单位线位移 $\Delta_2 = 1$ 单独作用——相应的约束力 k_{12}、k_{22}，如图 6-12（e）所示。

叠加以上结果，并代入式（a），得位移法典型方程为

$$\left. \begin{array}{l} k_{11}\varphi_1 + k_{12}\Delta_2 + F_{R1F} = 0 \\ k_{21}\varphi_1 + k_{22}\Delta_2 + F_{R2F} = 0 \end{array} \right\} \tag{b}$$

式（b）中的系数 k_{11} 为当附加刚臂顺时针转动单位角度 $\varphi_1 = 1$，而附加链杆不动时，在该附加刚臂上所需施加的力矩［图 6-12（d）］；k_{12} 为只是附加链杆向右移动 $\Delta_2 = 1$，而附加刚臂不动时，在附加刚臂上所需施加的力矩［图 6-12（e）］，以此类推。

对于具有 n 个独立结点位移的结构，共有 n 个基本未知量，为控制所有结点位移需要加入 n 个附加约束，根据每一个附加约束上的约束力应等于零的条件，可建立 n 个方程，即

$$\left. \begin{array}{l} k_{11}z_1 + k_{12}z_2 + \cdots + k_{1n}z_n + F_{R1F} = 0 \\ k_{21}z_1 + k_{22}z_2 + \cdots + k_{2n}z_n + F_{R2F} = 0 \\ \vdots \\ k_{i1}z_1 + k_{i2}z_2 + \cdots + k_{in}z_n + F_{RiF} = 0 \\ \vdots \\ k_{n1}z_1 + k_{n2}z_2 + \cdots + k_{nn}z_n + F_{RnF} = 0 \end{array} \right\} \tag{6-4}$$

式中 z_i——基本未知量，可以是角位移 φ 或线位移 Δ；

k_{ij}——约束反力系数，其中 k_{ii} 称为主系数，k_{ij}（$i \neq j$）称为副系数；

F_{RiF}——自由项。

由反力互等定理可知，副系数互等，即 $k_{ij} = k_{ji}$。主系数恒为正，而副系数和自由项可能为正、为负或为零。

为了求出方程（b）中的系数和自由项，可利用表 6-1 或转角位移方程，绘出基本结构分别在原有荷载单独作用下及附加约束处发生单位位移的弯矩图，如图 6-12（c）～（e）所示。然后在图中分别取刚结点 B 为脱离体，由力矩平衡条件 $\Sigma M_B = 0$ 求得：$k_{11} = 7i$，$k_{12} = -\dfrac{3i}{2\mathrm{m}}$，$F_{R1F} = 32\mathrm{kNm}$，它们均为附加刚臂上的约束力矩。再分别截断各柱顶，取出柱顶以上的横梁 BC 为脱离体，由投影方程 $\Sigma F_x = 0$，求得 $k_{21} = -\dfrac{3i}{2\mathrm{m}}$，$k_{22} = \dfrac{15i}{16\mathrm{m}^2}$，$F_{R2F} = -78\mathrm{kN}$，它们均为附加链杆上的约束反力。

将以上系数及自由项代入位移法典型方程（b），得

$$7iz_1 - \frac{3i}{2}z_2 + 32 = 0$$

$$-\frac{3i}{2}z_1 + \frac{15i}{16}z_2 - 78 = 0$$

解方程求得结点位移 $z_1 = \varphi_1 = \dfrac{464\mathrm{kNm}}{23i}$，$z_2 = \Delta_2 = \dfrac{2656\mathrm{kNm}^2}{23i}$，最后弯矩由叠加公式：$M = \bar{M}_1\Delta_1 + M_F$ 计算，即

$$M_{AB} = 2i \times z_1 + \left(-\frac{3i}{2}\right) \times z_2 + (-32) = -164.87\mathrm{kNm}$$

$$M_{BA} = -4i \times z_1 + \frac{3i}{2} \times z_2 + (-32) = 60.52\mathrm{kNm}$$

$$M_{BC} = 3i \times z_1 = 60.52\text{kNm}$$
$$M_{CB} = M_{CD} = 0$$
$$M_{DC} = \frac{3i}{4} \times z_2 = 86.61\text{kNm}$$

作出最后弯矩图如图 6-12（f）所示。

第4节　力矩分配法的基本概念

力矩分配法是以位移法为基础的渐近法，其特点是不需要建立和求解联立方程，而是采用直接计算杆件的杆端弯矩。它特别适用于连续梁和无侧移刚架的计算，是工程中一种实用的计算方法。

力矩分配法中杆端弯矩的符号规定仍与位移法相同。以下先说明相关的概念，再介绍力矩分配法的计算原理。

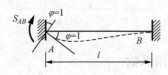

图 6-13　转动刚度

1. 转动刚度

对图 6-13 所示杆件 AB，使 A 端转动 $\varphi = 1$ 角度时，所需施加的力矩称为 AB 杆在 A 端的转动刚度，并用 S_{AB} 表示，其中第一个下标代表施力端，第二个下标代表远端。由表 6-1 可知，S_{AB} 就等于 A 端的固端弯矩 $M_{AB} = 4i$。当远端支撑不同时，等截面直杆施力端的转动刚度 S_{AB} 也不同，它们分别为：

（1）两端固端杆：$S_{AB} = 4i$；

（2）一端固端，一端铰支杆：$S_{AB} = 3i$；

（3）一端固端，一端定向支座杆：$S_{AB} = i$。

显然，等截面直杆的转动杆端与该杆的线刚度 $\left(i = \dfrac{EI}{l}\right)$ 和远端支撑情况有关。杆件线刚度越大（EI 越大或 l 越小），要使杆端转动单位角度所需施加的力矩就越大。杆端的转动刚度表示杆端抵抗转动的能力。

2. 分配系数

图 6-14（a）所示等截面杆件组成的刚架，只有一个刚结点转动而没有移动。当外力矩 M_e 作用于结点 1 时，刚架发生图示虚线所示的变形，各杆在 1 端均发生转角 φ_1，由转动刚度的定义有

$$M_{1i} = S_{1i}\varphi_1 \quad (i = 2,3,4) \quad \text{（a）}$$

其中，$S_{12} = 4i$，$S_{13} = i$，$S_{14} = 3i$。

根据结点 1 ［图 6-14（b）］的力矩平衡条件，得

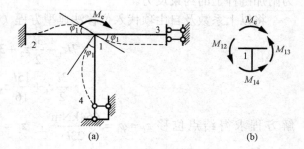

图 6-14　分配系数

$$M_e = M_{12} + M_{13} + M_{14} = (S_{12} + S_{13} + S_{14})\varphi_1 = \varphi_1 \sum_i S$$

式中　$\sum_i S$——汇交于结点 1 的各杆件在 1 端的转动刚度之和。

则

$$\varphi_1 = \frac{M_e}{\displaystyle\sum_i S}$$

将 φ_1 代回式（a）得

$$M_{1i} = \frac{S_{1i}}{\displaystyle\sum_i S} M_e = \mu_{1i} M_e \tag{6-5}$$

式中　$\mu_{1i} = \dfrac{S_{1i}}{\displaystyle\sum_i S}$ ——汇交与结点 1 各杆在近端的分配系数；

　　　　　下标 i——各杆之远端。

显然，汇交于同一点各杆的分配系数之和应等于 1，即

$$\sum \mu_{1i} = \frac{1}{\displaystyle\sum S}(S_{12} + S_{13} + S_{14}) = 1$$

　　由上述可见，加于结点 1 的外力偶矩 M_e 可按各杆杆端的分配系数分配给相应的近端。所得近端弯矩 M_{1i} 称为分配弯矩。

　　3. 传递系数与传递弯矩

　　在图 6-14（a）中，当外力偶 M_e 施加于结点 1 并发生转角 φ_1 时，各杆近端和远端都将产生弯矩。由表 6-1 可知远端弯矩分别为

$$M_{21} = 2i_{12}\varphi_1, \quad M_{31} = -i_{KA}\varphi_1, \quad M_{41} = 0$$

　　远端弯矩与近端弯矩的比值称为由近端向远端的传递系数，用 C_{1i} 表示，而将远端弯矩称为传递弯矩。例如，对杆件 12 而言，其传递系数和传递弯矩分别为

$$C_{12} = \frac{M_{21}}{M_{12}} = \frac{1}{2}, \quad M_{21} = C_{12}M_{12} = \frac{1}{2} \times 4i_{12}\varphi_1 = 2i_{12}\varphi_1$$

一般传递弯矩按下式计算

$$M_{i1} = C_{1i}M_{1i} \tag{6-6}$$

传递系数 C 随远端的支撑情况而异。远端固端，$C = 1/2$；远端铰支，$C = 0$；远端定向支撑，$C = -1$。

　　综上所述，对于图 6-14（a）所示只有一个刚结点的结构，刚结点受一力偶矩作用产生角位移，则其求解过程分为两步：首先按各杆的分配系数求出近端的分配弯矩，称为分配过程；其次，将近端弯矩乘以传递系数便得到远端的传递弯矩，称为传递过程。经过分配和传递求出各杆的杆端弯矩，这就是力矩分配法。

　　【例 6-1】　试用力矩分配法计算图 6-15（a）所示刚架的各杆端弯矩。并绘出其弯矩图。

　　解　（1）结点 A 固定不动，各杆成为单跨超静定梁，由表 6-1 计算各杆的杆端弯矩为

$$M_{AB}^F = \frac{1}{8} \times 15 \times 4^2 = 30\text{kNm}$$

$$M_{AD}^F = -\frac{50 \times 3 \times 2^2}{5^2} = -24\text{kNm}$$

$$M_{DA}^F = \frac{50 \times 3^2 \times 2}{5^2} = 36 \text{kNm}$$

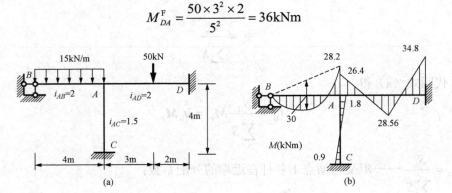

图 6-15 ［例 6-1］图

（2）计算各杆端的分配系数。

$$\mu_{AB} = \frac{3 \times 2}{3 \times 2 + 4 \times 2 + 4 \times 1.5} = 0.3$$

$$\mu_{AD} = \frac{4 \times 2}{3 \times 2 + 4 \times 2 + 4 \times 1.5} = 0.4$$

$$\mu_{AC} = \frac{4 \times 1.5}{3 \times 2 + 4 \times 2 + 4 \times 1.5} = 0.3$$

且
$$\mu_{AB} + \mu_{AC} + \mu_{AD} = 1$$

（3）由表 6-1 计算各杆端的传递系数。

$$C_{AB} = 0, C_{AC} = \frac{1}{2}, C_{AD} = \frac{1}{2}$$

力矩分配法计算过程见下面列表：

杆端	B $\xrightarrow{0}$ A			A $\xrightarrow{1/2}$ C, D		
	BA	AB	AC	AD	DA	CA
分配系数		0.3	0.3	0.4		
固端弯矩	0	30	0	−24	36	0
分配弯矩与传递弯矩	0	−1.8	−1.8	−2.4	−1.2	−0.9
最后弯矩	0	28.2	−1.8	−26.4	34.8	−0.9

作弯矩图如图 6-15（b）所示。

第 5 节　力矩分配法计算举例

　　以上是用力矩分配法计算只有一个结点转角时的基本概念。对于具有多个结点转角但无结点线位移（简称无侧移）的结构，只需依次对各结点使用上述方法便可求解，即先将所有刚结点固定，然后将各刚结点轮流放松，具体每次只放松一个结点，其他结点暂时固定。这个过程也就是把各刚结点的不平衡力矩轮流进行分配和传递，直到传递弯矩小到可略去不计为止。这种计算体现了渐近法的特点，下面具体举例说明。

【例 6-2】 试用力矩分配法计算图 6-16 所示连续梁的各杆端弯矩并绘弯矩图和剪力图。
EI 为常数。

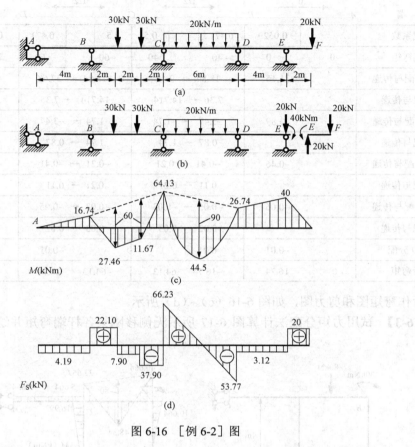

图 6-16 ［例 6-2］图

解　该梁的悬臂部分 EF 是静定的，可将其去掉。利用平衡条件将 E 截面的弯矩和剪力
求出，然后作为外力作用在 E 端的右侧，如图 6-16（b）所示，则结点 E 作为铰支端考虑。
计算各杆的分配系数时有

$$\mu_{DC} = \frac{4 \times \dfrac{EI}{6}}{4 \times \dfrac{EI}{6} + 3 \times \dfrac{EI}{4}} = 0.471, \quad \mu_{DE} = \frac{3 \times \dfrac{EI}{4}}{4 \times \dfrac{EI}{6} + 3 \times \dfrac{EI}{4}} = 0.529$$

其他各杆的分配系数为 $\mu_{BC} = 0.471$，　$\mu_{BA} = 0.529$；　$\mu_{CB} = \mu_{CD} = 0.5$。

计算固端弯矩时，DE 杆相当于 D 端固定、E 端铰支的单跨梁，作用在 E 端的集中力在
梁内不引起内力，作用在 E 处的集中力偶，由表 6-1 可求得 DE 杆的杆端弯矩为

$$M_{ED}^{F} = 40 \text{kNm}, \quad M_{DE}^{F} = 20 \text{kNm}$$

其他各杆的杆端弯矩为 $M_{DC}^{F} = \dfrac{1}{12} \times 20 \times 6^2 = 60 \text{kNm}$，　$M_{CD}^{F} = -60 \text{kNm}\dfrac{1}{2}$；

$$M_{BC}^{F} = -\frac{30 \times 2 \times 4^2}{6^2} - \frac{30 \times 4 \times 2^2}{6^2} = -40 \text{kNm}, \quad M_{CB}^{F} = 40 \text{kNm}; \quad M_{BA}^{F} = M_{AB}^{F} = 0 \text{。}$$

力矩分配法计算全部过程见下面列表：

杆 端	A	$\xrightarrow{\;0\;}$	B	$\xleftarrow{\;1/2\;}$		C	$\xrightarrow{\;1/2\;}$		D	$\xrightarrow{\;0\;}$	E
分配系数			0.0529	0.471	0.5	0.5	0.471		0.529		
固端弯矩	0		0	−40	40	−60	60		20		40
B、D 分配与传递			21.16	18.84 → 9.42		−18.84 ← 37.68			−42.32		
C 分配与传递				7.36 ← 14.714		14.714 → 7.36					
B、D 分配与传递			−3.89	−3.47 → −1.74		−1.74 ← −3.47			−3.89		
C 分配与传递				0.87 ← 1.74		1.74 → 0.87					
B、D 分配与传递			−0.46	−0.41 → 0.21		−0.21 ← −0.41			−0.46		
C 分配与传递				0.11 ← 0.21		0.21 → 0.11					
B、D 分配与传递			−0.06	−0.05 → −0.03		−0.03 ← −0.05			−0.06		
C 分配与传递				0.02 ← 0.03		0.03 → 0.02					
B、D 分配			−0.01	−0.01					−0.01		−0.01
最后弯矩	0		16.74	−16.74	64.13	−64.13	26.74		−26.74		40

最后作弯矩图和剪力图，如图 6-16（c）、（d）所示。

【例 6-3】 试用力矩分配法计算图 6-17 所示无侧移刚架各杆端弯矩并绘弯矩图。EI 为常数。

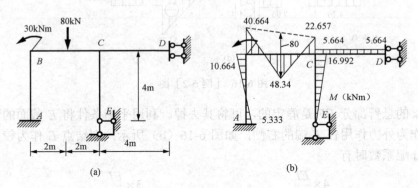

图 6-17 ［例 6-3］图

解 计算各杆的分配系数：

$$\mu_{BC} = 0.5, \quad \mu_{BA} = 0.5; \quad \mu_{CB} = \frac{4i}{4i + 3i + i} = 0.5, \mu_{CD} = \frac{i}{8i} = 0.125, \mu_{CE} = \frac{3i}{8i} = 0.375。$$

计算各杆的固端弯矩：

$$M_{BC}^{F} = -\frac{1}{8} \times 80 \times 4 = -40\text{kNm}, \quad M_{CB}^{F} = 40\text{kNm};$$

$$M_{AB}^{F} = M_{BA}^{F} = M_{CD}^{F} = M_{DC}^{F} = M_{CE}^{F} = M_{EC}^{F} = 0。$$

力矩分配法计算全部过程见下面列表：

结点	1/2 ←	B	1/2 ←	C		−1 →		
杆端	AB	BA		CB	CD	CE	DC	EC
分配系数		0.5	0.5	0.5	0.375	0.125		
结点外力偶 固端弯矩	0	0 [30]	−40	40	0	0	0	0
C 分配与传递			−10 ← −20		−15	−5	5	
B 分配与传递	5	10	10 → 5					
C 分配与传递			−1.25 ← −2.5		−1.9	−0.63	0.63	
B 分配与传递	0.32	0.63	0.63 → 0.32					
C 分配与传递			−0.08 ← −0.16		−0.12	−0.04	0.04	
最后弯矩	5.32	10.63	−40.7　22.66		−17.02	−5.67	5.67	0

最后作弯矩图如图 6-17（b）所示。

思　考　题

6-1　力法和位移法分别是如何满足平衡条件和位移条件的？又是如何体现满足物理条件？

6-2　对称结构分别受到对称荷载及反对称荷载作用时，位于对称轴截面上的内力和位移有何特点？如何利用这些特点进行简化计算？

6-3　图 6-18 所示各结构中，A 和 B 截面弯矩是否相同，为什么（各杆长相同，刚度相同，荷载 F 作用在 AB 杆中点）？

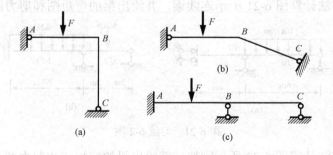

图 6-18　思考题 6-3 图

6-4　图 6-19 所示结构的最后弯矩 $|M_{CB}| = |M_{BC}|/2$ 是否成立。

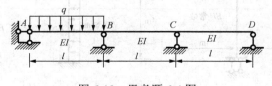

图 6-19　思考题 6-4 图

习　题

6-1　试确定用位移法计算图 6-20 所示结构时的基本未知量。

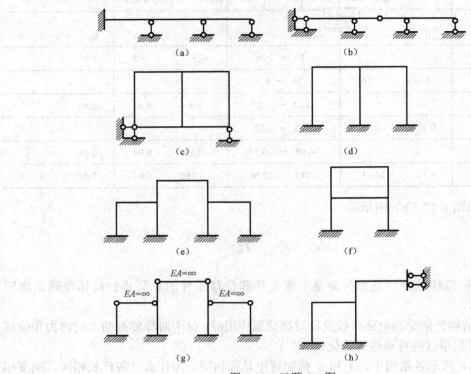

图 6-20　习题 6-1 图

6-2　试用位移法计算图 6-21 所示连续梁，并绘出梁的弯矩图和剪力图。

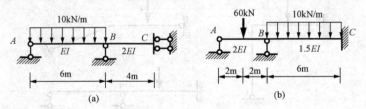

图 6-21　习题 6-2 图

6-3　试用位移法计算图 6-22 所示刚架，并绘出梁的弯矩图和剪力图。

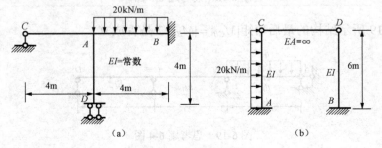

图 6-22　习题 6-3 图

6-4 试用位移法计算图 6-23 所示连续梁，并绘出梁的弯矩图。

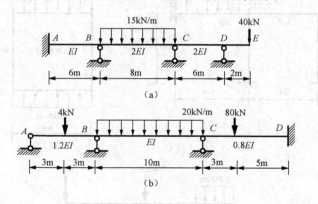

图 6-23 习题 6-4 图

6-5 试用位移法计算图 6-24 所示刚架，并绘出刚架的弯矩图。

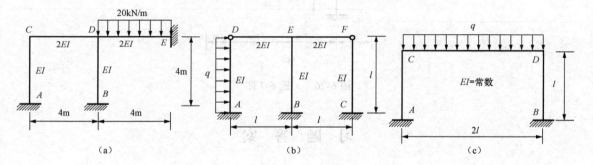

图 6-24 习题 6-5 图

6-6 试用力矩分配法计算图 6-25 所示连续梁，并绘出梁的弯矩图和剪力图。

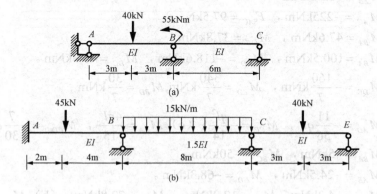

图 6-25 习题 6-6 图

6-7 试用力矩分配法计算图 6-26 所示刚架，并绘出刚架的弯矩图。

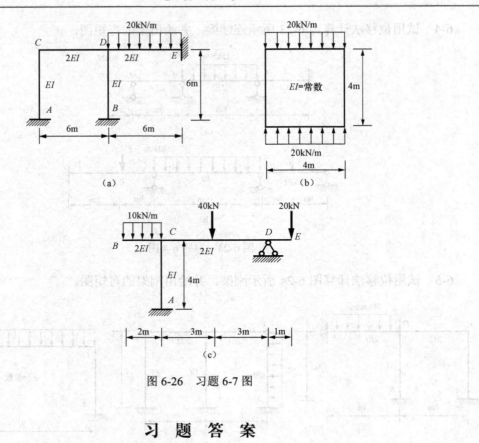

图 6-26　习题 6-7 图

习 题 答 案

6-2　（a）$M_{BA} = 22.5\text{kNm}$；

　　（b）$M_{BA} = 36.0\text{kNm}$。

6-3　（a）$M_{AB} = -31.2\text{kNm}$；

　　（b）$M_{AC} = -225\text{kNm}$，$F_{SAC} = 97.5\text{kN}$。

6-4　（a）$M_{BA} = 47.6\text{kNm}$，$M_{CB} = 37.8\text{kNm}$；

　　（b）$M_{BA} = 100.5\text{kNm}$，$M_{CD} = -118.6\text{kNm}$，$M_{DC} = 43.8\text{kNm}$。

6-5　（a）$M_{DE} = -\dfrac{160}{7}\text{kNm}$，$M_{ED} = \dfrac{340}{7}\text{kNm}, M_{BD} = \dfrac{30}{7}\text{kNm}$；

　　（b）$M_{AD} = -\dfrac{11}{56}ql^2$，$M_{CF} = -\dfrac{ql^2}{14}$；（c）$M_{CA} = \dfrac{4ql^2}{15}$，$M_{CD中} = -\dfrac{7}{30}ql^2$。

6-6　（a）$M_{BA} = -5\text{kNm}$，$M_{BC} = -50\text{kNm}$；

　　（b）$M_{AB} = -24.5\text{kNm}$，$M_{CD} = -68.3\text{kNm}$。

6-7　（a）$M_{BA} = -4.3\text{kNm}$，$M_{CD} = 12.9\text{kNm}$，$M_{EC} = 72.8\text{kNm}$；（b）$M_{BA} = 13.33\text{kNm}$；

　　（c）$M_{CA} = 5\text{kNm}$，$M_{DC} = 10\text{kNm}$。

第7章 影 响 线

第1节 影 响 线 的 概 念

前面各章讨论了永久荷载（也称为恒载）作用下的计算，这类荷载的大小、方向和在结构上作用点的位置是固定不变的，因此结构的约束反力与各处的内力和位移也是不变的。结构除了受永久荷载作用以外，还要受到另一类荷载作用，例如吊车梁承受吊车荷载的作用，桥梁承受车辆荷载作用等，这类荷载的作用点位置是变化的，因此这类荷载称为移动荷载，也称为活荷载（简称活载）。

结构在移动荷载作用下，其约束反力与各处的内力和位移等量值也不再是定值，随着荷载位置的改变而变化。在结构的设计中，需要知道在移动荷载作用下，结构产生某些量值的最大值及出现最大值的荷载位置，该位置称为最不利的荷载位置。

影响线的定义：当一个定向的单位移动荷载 $F=1$ 在结构上移动时，结构某指定处所的某一量值随着单位荷载位置的改变而变化的图线。它表示了一个定向的单位荷载在结构上移动时，对结构某指定处所的某一量值的影响。

影响线的绘制方法有静力法和机动法，本章仅介绍用静力法作简支梁的影响线，以及影响线的应用。

第2节　用静力法作简支梁的影响线

由影响线的定义可知，影响线表示的是所求量值与单位荷载 $F=1$ 的位置之间的函数关系的图形。因此作影响线时，可先把单位荷载 $F=1$ 放在任意位置，以横坐标 x 表示其作用点的位置，然后将荷载看作不动，由静力平衡条件求出该量值与 x 的关系。表示这种关系的方程称为影响线方程，由影响线方程即可作出影响线，这种作影响线的方法称为静力法。因此，用静力法作影响线的基础是静力平衡条件，现以图7-1（a）所示简支梁为例来说明作影响线的步骤和方法。

一、支座反力的影响线

1. F_A 的影响线

以 A 点为坐标原点，以梁轴为 x 轴，以 x 表示单位荷载作用位置 [图7-1（a）]，由平衡条件 $\Sigma M_B = 0$ 得

$$F_A = \frac{F(l-x)}{l} = \frac{l-x}{l} \quad (0 \leqslant x \leqslant l)$$

该式即为支座反力 F_A 的影响线方程。由该方程即可作出反力 F_A 的影响线，如图7-1（b）所示。图中正号表示支座反力 F_A 的方向与假设的方向一致。由于荷载是无因次的，所以支座反力的影响线也是无因次的，其量纲为1。

2. F_B 的影响线

同理，由平衡条件可得 F_B 影响线方程为

$$F_B = \frac{Fx}{l} = \frac{x}{l} \ (0 \leqslant x \leqslant l)$$

作出 F_B 的影响线, 如图 7-1 (c) 所示。

二、内力影响线

1. 弯矩影响线

绘制图 7-2 (a) 所示简支梁任意截面 C 的弯矩影响线, C 截面的坐标为 a, 以 x 表示荷载作用位置 [图 7-2 (a)]。设 M_C 以梁下侧受拉为正, 利用静力平衡条件建立影响线方程。因为当荷载在 C 截面左侧移动和在 C 截面右侧移动时, M_C 的影响线方程不同, 故需分段建立。

设单位荷载 $F=1$ 在 C 截面的左侧移动 $(x \leqslant a)$ [图 7-2 (a)], 由平衡条件 $\Sigma M_C = 0$ 得

$$M_C = F_B b = \frac{x}{l} b \ (0 \leqslant x \leqslant a)$$

可见, M_C 的影响线在截面 C 的左侧部分为一直线, 其纵距为 F_B 的 b 倍。当 $x=0$ 时, $M_C=0$; 当 $x=a$ 时, $M_C = \dfrac{ab}{l}$。作出该段的影响线, 如图 7-2 (c) 所示。

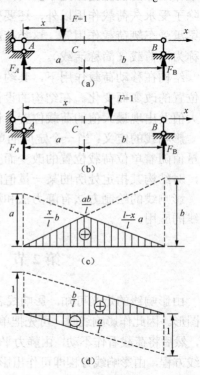

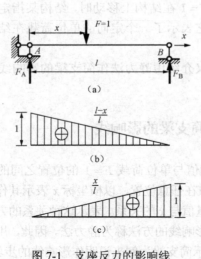

图 7-1　支座反力的影响线

（a）简支梁集中力作用示意图；（b）F_A 的影响线；（c）F_B 的影响线

图 7-2　弯矩和剪力的影响线

（a）、（b）简支梁集中作用示意图；

（c）M_C 的影响线；（d）F_{SC} 的影响线

当单位荷载 $F=1$ 在 C 截面的右侧移动 $(a \leqslant x \leqslant l)$ [图 7-2 (b)], 由平衡条件 $\Sigma M_C = 0$ 得

$$M_C = F_A a = \frac{l-x}{l} a \ (a \leqslant x \leqslant l)$$

同样可见, M_C 的影响线在截面 C 右侧部分仍为一直线, 其纵距为 F_A 的 a 倍。当 $x=a$ 时, $M_C = \dfrac{ab}{l}$; 当 $x=l$ 时, $M_C=0$。作出该段的影响线, 如图 7-2 (c) 所示。AC 段和 CB 段的影响线合起来就是截面 C 的弯矩影响线。

综上所述, 简支梁任意截面 C 的弯矩 M_C 的影响线绘制方法: 以梁轴 AB 为基线, 按一定比例, 由 A 点向上量取纵距等于左支座到截面 C 的距离 a, 由该纵距的顶点引直线与 B 点相

连，再由 B 点向上量取纵距 b，由该纵距的顶点引直线与 A 点相连，即得弯矩 M_C 的影响线。弯矩影响线纵距的量纲为 [L]。

2. 剪力影响线

与绘制弯矩影响线一样，先设单位荷载 $F=1$ 在 C 截面的左侧移动（$x \leq a$）[图 7-2（a）]，规定剪力以顺时针转动为正，由平衡条件 $\Sigma F_y = 0$ 得

$$F_{SC} = -F_B = -\frac{x}{l} \ (0 \leq x \leq a)$$

可见，将支座反力 F_B 影响线的截面 C 左侧一段改变符号就得到 F_{SC} 影响线的 AC 段，符号为负。

再设当单位荷载 $F=1$ 在 C 截面的右侧移动（$a \leq x \leq l$）[图 7-2（b）]，由平衡条件 $\Sigma F_y = 0$ 得

$$F_{SC} = F_A = \frac{l-x}{l} \ (a \leq x \leq l)$$

同样可见，支座反力 F_A 影响线在截面 C 右侧一段就是剪力 F_{SC} 影响线的 CB 段，符号为正。将两段合起来，即得截面 C 的剪力影响线。如图 7-2（d）所示，两段影响线相互平行。

综上所述，绘制简支梁任意截面 C 的剪力 F_{SC} 的影响线，以梁轴 AB 为基线，按一定比例，由 A 点向上量取纵距等于 1，将此纵距的顶点与 B 点相连，然后由左支座的零点作该直线的平行线，再由截面 C 引竖线与两平行线相交，即可得剪力 F_{SC} 的影响线。剪力影响线的纵距的量纲为 1。

第 3 节 影响量的计算

影响线是研究移动荷载作用的基本工具，可以应用它来确定实际的移动荷载对结构上某量值的最不利影响，从本节开始讨论影响线在这方面的具体应用。

所谓影响量是指实际荷载作用于固定位置时，对某一指定处所某一量值产生的影响值。在实际工程中最常见的移动荷载有集中荷载和均布荷载两种，本节就这两种荷载作用下的影响量计算进行讨论。

一、几个集中力作用的影响量计算

图 7-3（a）所示简支梁，有一组位置已知的集中力 F_1，F_2，…，F_i，…F_n 作用，现要求该组荷载移动到某一位置时，截面 C 的剪力 F_{SC} 的量值。

首先绘出剪力 F_{SC} 的影响线，计算出各荷载位置下的影响线的竖标 y_1，y_2，…，y_i，…，y_n，如图 7-2（b）所示。

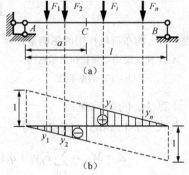

图 7-3 几个集中力作用的影响量的计算
（a）简支梁几个集中力作用示意图；
（b）F_{SC} 的影响线

根据影响线的定义可知，F_i 在 C 截面产生的剪力为 $F_i y_i$，于是由叠加原理，简支梁在 $F_1, F_2, \dots, F_i, \dots F_n$ 共同作用下，在截面 C 产生的剪力等于各个荷载单独作用产生的剪力之和。为了使计算公式具有一般性，用 Z 表示所计算量值的影响量，则有

$$Z = F_{SC} = F_1 y_1 + F_2 y_2 + \cdots + F_i y_i + \cdots + F_n y_n = \sum_{i=1}^{n} F_i y_i \qquad (7\text{-}1)$$

应用式（7-1）时，F_i 与单位荷载 $F=1$ 方向一致，取正号，反之取负号；y_i 按影响线中的实际符号取用。

二、均布荷载作用的影响量的计算

设简支梁受均布荷载作用，如图 7-4（a）所示，求 F_{SC} 的影响量。首先绘出剪力 F_{SC} 的影响线，如图 7-4（b）所示。然后取微段 dx，其上荷载 $q dx$ 可看作一集中荷载，它产生的影响量是 $yq dx$，其中 y 为影响线上 x 处的竖标。那么 mn 区段内均布荷载对 F_{SC} 的总影响量为

$$Z = F_{SC} = \int_m^n yq dx = q\int_m^n y dx = qA_{mn} \qquad (7\text{-}2)$$

式中　A_{mn}——m 与 n 之间的影响线与基线之间的面积。

应用式（7-2）时，规定荷载 q 与单位力方向一致为正，反之为负。若所受荷载范围内影响线的面积有正有负，如图 7-4（b）所示，则在计算面积 A 时取 A_1 与 A_2 的代数和。

【例 7-1】 试利用影响线计算简支梁在图 7-5（a）所示荷载作用下 M_C 和 F_{SD} 的影响量。

解　首先绘出弯矩 M_C 和剪力 F_{SD} 的影响线，并求出相关的影响线竖标值，如图 7-5（b）、（c）所示。

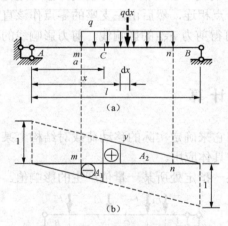

图 7-4 均布荷载作用的影响量计算
（a）简支梁均布荷载作用示意图；
（b）F_{SC} 的影响线

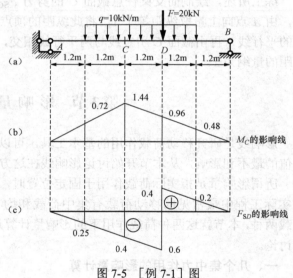

图 7-5 ［例 7-1］图

计算 M_C 的影响量：
由式（7-1）和式（7-2）得

$$Z = M_C = \sum_{i=1}^{1} F_i y_i + qA$$

$$= 20 \times 0.96 + 10 \times \left[\frac{1}{2}(1.44+0.72)\times 1.2 + \frac{1}{2}(1.44+0.48)\times 2.4\right]$$

$$= 19.2 + 36 = 55.2 \text{kNm}$$

计算剪力 F_{SD} 影响量：因截面 D 处有集中荷载作用，该截面剪力有突变，计算 F_{SD} 的影响量应按 $F_{SD左}$ 和 $F_{SD右}$ 分别考虑。

$$Z_1 = F_{SD左} = \sum_{i=1}^{1} F_i y_i + qA$$

$$= 20 \times 0.4 + 10 \times \left[\frac{-1}{2}(0.6+0.2) \times 2.4 + \frac{1}{2}(0.2+0.4) \times 1.2 \right]$$

$$= 8 - 6 = 2\text{kN}$$

同理：

$$Z_2 = F_{SD右} = \sum_{i=1}^{1} F_i y_i + qA$$

$$= 20 \times (-0.6) + 10 \times \left[\frac{-1}{2}(0.6+0.2) \times 2.4 + \frac{1}{2}(0.2+0.4) \times 1.2 \right]$$

$$= -12 - 6 = -18\text{kN}$$

由计算结果可见：截面 D 左侧剪力为 2kN，右侧剪力为–18kN，其突变值大小为 20kN，等于集中力 F 的大小；同时还可知，F_{SD} 的量值与直接由平衡条件所得结果相同。

第 4 节　最不利荷载位置的确定

在结构设计中，需要求出量值 Z 的最大值（包括最大正值 Z_{max} 和最大负值 Z_{min}，后者又称最小值）作为设计依据。要解决这个问题，就必须确定使其发生最大值的移动荷载的作用位置。这一位置称为最不利荷载位置。当最不利荷载位置确定后，某量值的最大值就可十分方便地求得。

一、集中移动荷载作用时最不利荷载位置

设有图 7-6（a）所示一组移动荷载作用于简支梁上，试确定最不利荷载位置。首先绘出该量值的影响线，如图 7-6（b）所示。可以论证，当影响线为三角形时，移动集中荷载的不利位置必然发生于有一集中荷载位于影响线的顶点，称该集中荷载为最不利荷载。

因此，当集中荷载个数不是太多时，可将 n 个集中荷载依次放在影响线的顶点，分别计算 n 个影响量，再比较哪个最大，哪个最小，对应这两个影响量的荷载位置就是最不利荷载位置。

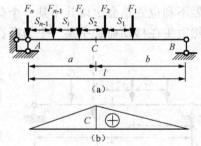

图 7-6　集中移动荷载作用时最不利位置

如果荷载数目比较多时，可先确定集中荷载系中哪些力在影响线顶点时，使影响量产生极值，并求得最大值和最小值，从而可减少计算工作。

二、一段均布荷载的最不利荷载位置

如图 7-7（a）所示，设有一段均布移动荷载 q 作用在简支梁上，荷载长度为 S，试确定任一截面的弯矩的最不利位置。

首先绘出该量值的影响线，如图 7-7（b）所示；然后以 x 表示荷载的位置，由式（7-2）计算该荷载位置时的影响量为

$$Z = qA_{mn}$$

由于 q 为常量，要求影响量 Z 的极值，也就是求面积 A_{mn} 的极值，可以证明：当 $y_n = y_m$

时，A_{mn} 取得极值，即当荷载移动，正好使 m、n 两点处影响线的纵距 $y_m = y_n$ 时，荷载位置就是不利位置 ［图 7-7 (c)］，对应该位置的影响量为极值。

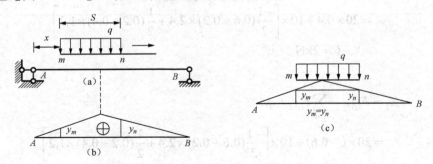

图 7-7　一段均布荷载作用时最不利位置

第 5 节　简支梁的绝对最大弯矩与内力包络图

一、绝对最大弯矩

绝对最大弯矩是指在移动荷载作用下，发生在简支梁某截面而比其他任一截面的最大弯矩都大的弯矩，它是结构构件截面设计的重要依据。它的确定与两个可变条件有关，即与截面位置的变化和荷载位置的变化有关。也就是说，要求绝对最大弯矩，不仅要知道产生绝对最大弯矩的所在截面，而且要知道相应于此截面的最不利荷载的位置。

在解决上述问题时自然会想到把各个截面的最大弯矩求出来，然后再加以比较，得到绝对最大弯矩。若精度要求很高，就必须选取很多截面，就无法一一进行比较。

由上节内容可知，在一组移动荷载作用下，简支梁任一截面发生最大弯矩时，其相应荷载最不利位置总会出现其中某一个荷载正好位于该截面上。因此对于简支梁的绝对最大弯矩必然发生在移动荷载中某一个力所在的截面。这样，可依次指定每一个荷载为最不利荷载，

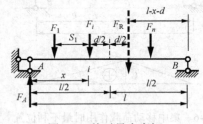

图 7-8　绝对最大弯矩

求出该荷载移动到什么位置时与之重合的梁截面的弯矩为最大，然后比较得出绝对最大弯矩，由于移动荷载的数目是有限的，该方法就显得简捷和精确。

图 7-8 所示简支梁受一组间距不变的移动集中荷载作用。假设 F_i 为最不利荷载，现在求 F_i 移动到什么位置时，其所在截面发生最大弯矩。用 x 表示 F_i 与 A 支座的距离，则 F_i 所在截面的弯矩为

$$M_i(x) = F_A x - F_1 S_1 = F_A x - M_i^{左} \tag{a}$$

式中　$M_i^{左}$——F_i 左边的所有作用力对截面 i 产生的弯矩。

若用 F_R 表示梁上移动荷载系的合力，用 d 表示合力与最不利荷载 F_i 之间的距离，由梁的整体平衡条件有

$$\Sigma M_B = 0 , \quad F_A = \frac{F_R}{l}(l - x - d) \tag{b}$$

将式（b）代入式（a），则有

$$M_i(x) = \frac{F_R}{l}(l - x - d)x - M_i^{左} \tag{c}$$

当荷载移动时，梁上荷载数目没有增减，则 F_R 和 $M_i^{左}$ 均为常数。为了求 M_i 的最大值，可由
$\frac{dM_i}{dx} = 0$ 得

$$x = \frac{l}{2} - \frac{d}{2} \tag{7-3}$$

式（7-3）表示弯矩为最大值时 F_i 的位置（即临界截面位置），也表示了 F_i 所在截面弯矩为最大值时，梁上荷载的合力 F_R 与 F_i 分别处在梁的中点两边对称位置。于是得出结论：任何一个假设的最不利荷载（也称临界荷载）F_i 作用点处截面内的最大弯矩，发生在当跨度中点恰好平分 F_i 与合力 F_R 之间的距离处。把式（7-3）代入式（c），此时的最大弯矩为

$$M_{\max} = \frac{F_R}{l}\left(\frac{l}{2} - \frac{d}{2}\right) - M_i^{左} \tag{7-4}$$

应用上述公式时应注意：

（1）式（7-3）是当合力 F_R 在 F_i 右侧时导出的，若 F_R 在 F_i 左侧时，式（7-3）中 d 要用负值代入。

（2）式（7-3）中，F_R 是梁上实有荷载的合力，若梁上荷载有进入或离开时，需要重新计算合力 F_R 的大小和位置。

（3）由于最不利荷载（临界荷载）可能不止一个，因此需要试算，即将荷载系中每一个荷载都假设为 F_i 来确定临界荷载截面位置，并求出相应的弯矩值，即极值。比较这些极值中的最大者就是所求的绝对最大弯矩，其对应的截面就是危险截面。

二、内力包络图

一般结构都是受到恒载和活载的共同作用，设计时必须考虑两者的共同影响，求出各个截面可能产生的最大和最小内力值作为设计的依据。如果将梁上各截面的最大和最小内力按同一比例标在图上，分别连成曲线，这种曲线图形称为内力包络图。

包络图表示梁在已知恒载和活载共同作用下各截面可能产生的内力的极限范围。不论活载处于何种位置，恒载和活载所产生的内力都不会超过这一范围。

由于恒载作用下所产生的内力是不变的，而活载作用下各截面的内力都随活载的变动而改变。因此，作内力包络图的关键是确定活载的影响，即确定在移动荷载作用下，每一个截面的内力最大值和最小值，然后与恒载作用下该截面的内力叠加。下面举例具体说明。

【例 7-2】 图 7-9（a）所示简支梁，受移动荷载系作用，$F_1 = F_2 = F_3 = F_4 = 280kN$；其中恒载为 $q = 20kN/m$ 满跨的均布荷载，试作弯矩包络图和剪力包络图。

解 首先求出恒载作用下的弯矩图，如图 7-9（b）所示；然后将梁分成 10 等分，利用影响线求出它们的最大弯矩（本例最小弯矩为零），图 7-9（c）～（g）依次绘出了这些等分点截面上的弯矩影响线及其相应的不利位置，由于对称只需计算一半即可，将这些等分点的最大弯矩求出后，可绘出在移动荷载作用下的绝对最大弯矩图，如图 7-9（h）所示；最后，将图 7-9（b）、（h）对应竖标叠加，即得弯矩包络图，如图 7-9（i）所示。

同理，先求出恒载作用下的剪力图，如图 7-10（a）所示；利用影响线求出在移动荷载作用下的各等分点处截面的剪力最大值和最小值，图 7-9（b）～（g）依次绘出各等分点处的剪

力影响线及 F_{Smax} 相应最不利位置，最大最小剪力图如图 7-10（h）所示；最后叠加图 7-10（a）、（h），得剪力包络图，如图 7-10（i）所示。

　　在实际设计中，常常只用到支座附近的剪力值，因此，只需将两支座处截面上剪力最大值和最小值直接用两端竖标相连，近似地作为剪力包络图，如图 7-10（j）所示。

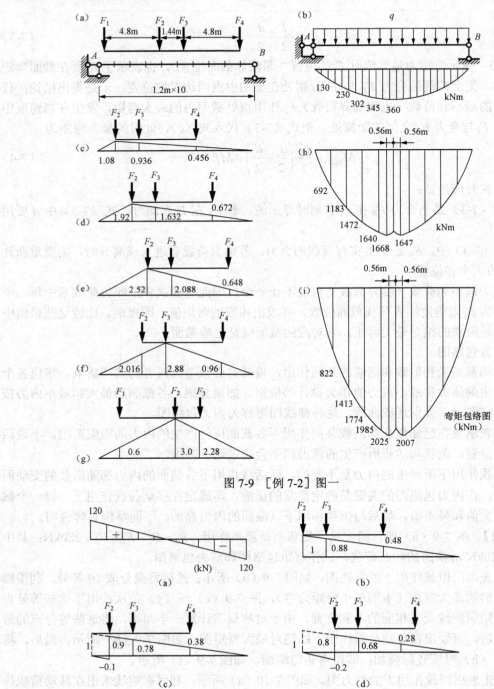

图 7-9　[例 7-2] 图一

图 7-10　[例 7-2] 图二（一）

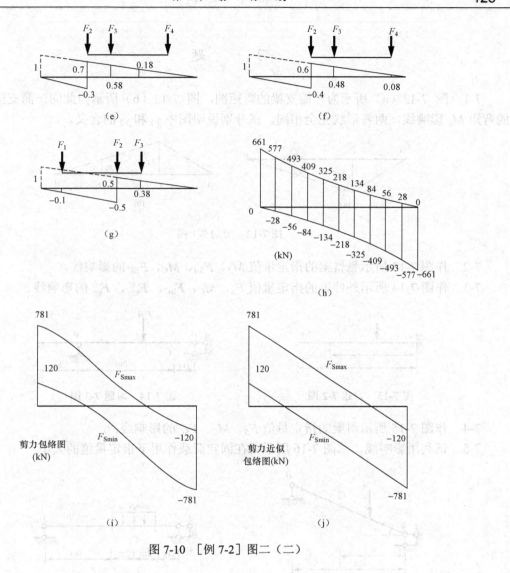

图 7-10　［例 7-2］图二（二）

思　考　题

7-1　内力影响线、内力图及内力包络线有何区别？试区分图 7-11 中哪个是弯矩图（什么荷载？作用在何处?）？哪个是弯矩影响线（是哪个截面的？）？

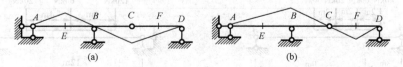

图 7-11　思考题 7-1 图

7-2　简支梁 C 截面的影响线有何特点？为什么？

7-3　在什么情况下，简支梁在集中移动荷载作用下绝对值最大弯矩发生在跨中截面？

习　　题

7-1　图 7-12（a）所示为一简支梁的弯矩图，图 7-12（b）所示为此同一简支梁截面 C 的弯矩 M_C 影响线，两者形状完全相同。试分别说明图中 y_1 和 y_2 的含义。

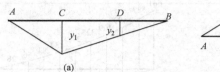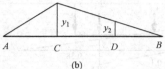

图 7-12　习题 7-1 图

7-2　作图 7-13 所示悬臂梁的指定量值 M_A、F_{SA}、M_C、F_{SC} 的影响线。

7-3　作图 7-14 所示外伸梁的指定量值 F_A、M_C、F_{SC}、$F_{SB}^{左}$、$F_{SB}^{右}$ 的影响线。

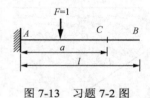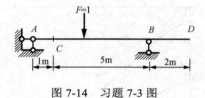

图 7-13　习题 7-2 图　　　　　　　　图 7-14　习题 7-3 图

7-4　作图 7-15 所示斜梁的指定量值 F_B、M_C、F_{SC} 的影响线。

7-5　试利用影响线，求图 7-16 所示梁在固定荷载作用下指定量值的大小。

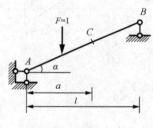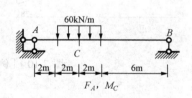

图 7-15　习题 7-4 图　　　　　　　　图 7-16　习题 7-5 图

7-6　求图 7-17 所示简支梁在给定移动荷载作用下截面 C 的最大弯矩。

7-7　求图 7-18 所示简支梁在给定移动荷载作用下的绝对最大弯矩。

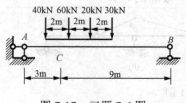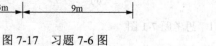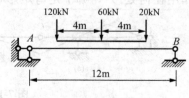

图 7-17　习题 7-6 图　　　　　　　　图 7-18　习题 7-7 图

习 题 答 案

7-5　$F_A = 160\text{kN}$，$M_C = 520\text{kNm}$；

7-6　$M_{C\max} = 242.2\text{kNm}$；

7-7　$M_{\max} = 188.3\text{kNm}$。

参 考 文 献

[1] 孙文俊，杨海霞. 结构力学. 南京：河海大学出版社，1999.
[2] 李家宝，洪范文. 建筑力学第三分册：结构力学. 第 4 版. 北京：高等教育出版社，2006.
[3] 蔡新，孙文俊. 结构静力学. 南京：河海大学出版社，2004.